西点军校
22条军规

West Point Military Academy
22 Army Regulation

宿文渊 —— 编著

中国华侨出版社
北京

图书在版编目 (CIP) 数据

西点军校 22 条军规 / 宿文渊编著 . — 北京：中国
华侨出版社，2018.3（2019.6 重印）

ISBN 978-7-5113-7385-4

Ⅰ.①西… Ⅱ.①宿… Ⅲ.①成功心理—通俗读物
Ⅳ.① B848.4-49

中国版本图书馆 CIP 数据核字（2018）第 018381 号

西点军校 22 条军规

编　　著 / 宿文渊
责任编辑 / 江　冰
封面设计 / 阳春白雪
文字编辑 / 郝秀花
美术编辑 / 宇　枫
经　　销 / 新华书店
开　　本 / 880mm × 1230mm　1/32　印张：8　字数：200 千字
印　　刷 / 北京德富泰印务有限公司
版　　次 / 2018 年 5 月第 1 版　2019 年 6 月第 2 次印刷
书　　号 / ISBN 978-7-5113-7385-4
定　　价 / 35.80 元

中国华侨出版社　北京市朝阳区静安里 26 号通成达大厦 3 层　邮编：100028
法律顾问：陈鹰律师事务所
发 行 部：（010）88866079　　传　真：（010）88877396
网　　址：www.oveaschin.com　　E－m a i l：oveaschin@sina.com

如果发现印装质量问题，影响阅读，请与印刷厂联系调换。

前言

preface

　　西点军校历来不仅重视知识、学术、能力的传授，更重视培养学生的品格、品行和品德。学员从进校的第一天起，就要将22条军规当作"圣旨"，必须服从，无条件执行。军规中的"没有任何借口"告诉学员们：任何借口都是推卸责任，即使有再多的困难，也绝对没有不可能的事情；西点军校强调执行能力，它教育学员们：仅仅有理想是不够的，还必须付诸行动，如果没有行动，理想永远像空中楼阁、海市蜃楼那么遥不可及；西点军校推崇"只做第一，不做第二"，所以它为强者创造机会，认为机会只光顾有准备的人，有能力的人才能成为领袖；"绝不推卸责任"这条军规灌输给学员们这样一种理念：没有做不好的事情，只有不负责任的人，想证明自己的最好方式就是去承担责任，并为自己的行为负责；西点军校注意培养学员们注意细节、留心做好每一件小事的习惯，因为细节决定成败；"永不满足于现状"让学员们认识到：只有不断提高自己，才能不被淘汰，做一名好员工、好士兵；西点军校视荣誉为生命，它强调做人应坦坦荡荡、光明磊落；西点军校崇尚合作精神，认为团队的力量远胜于个人……

西点学子们正是因为忠实地执行着这些军规，并将其作为自己立身处世的最重要的行为准则，才成就了卓越的自我，走向成功。

成功者的素质是可以培养的，精英的人格特质是可以学习的。西点人的成功经历就是这一观点的最好注解。目前，西点军校军规的影响力已成为全世界成功人士的共识，是渴望成功的人学习的金科玉律。西点军校的军规对每一个渴望成功的人都具有极强的指导意义，每一条都值得我们去研究、去思考、去学习。

同时，西点军校的军规在广大范围内备受推崇，被誉为"21世纪最顶尖的管理理念"，它所体现出来的爱国敬业、无私奉献的态度，高尚的道德情操和职业素养，也让其被越来越多的管理者和企业家所推崇。目前，西点军校的军规已经被各行各业所认同和接受，成为广大企业家和管理者奉为圭臬的管理经典。

本书详细阐述了"荣誉高于一切"、"忠诚是一种义务"、"没有任何借口"、"无条件执行"、"停止空谈，立即行动"、"只做第一，不做第二"、"细节决定成败"、"永不满足于现状"等22条西点军规的具体内容，并通过对西点人及其案例的解读，深刻剖析了每一条西点军规所蕴含的深刻内涵和重要价值。

这是一本值得所有渴望成功的读者认真阅读的好书，从中不仅能够获得人生启迪，更重要的是获知了从普通人走向精英阶层的奥秘。学习西点军校的军规并在实践中运用，正如西点人最终脱颖而出一样，通过努力，你肯定也会远离平庸，拥有一个卓越的人生。

目录

西点军校22条军规

第一条　荣誉高于一切

坚守荣誉的准则

在西点，让所有西点人最感到自豪的就是西点著名的"荣誉准则"——"每个学员绝不撒谎、欺骗或盗窃，也绝不容忍其他人这样做。"西点培养的不仅是一名军人，还是社会的精英。在西点，荣誉就是一切。

在西点，撒谎是最大的罪恶。西点在 1985 年颁发的文件中，对"撒谎问题"作了如下规定：学员的每句话都应当是确切无疑的。他们的口头或书面陈述必须保持真实性。故意欺骗或哄骗的口头或书面陈述都是违背"荣誉准则"的。信誉与诚实紧密相关，学员必须获得信誉。只有通过准确无误的口头或书面陈述，才能获得荣誉。

在西点，学员必须保证报告在呈递前后的准确性。假如报告上交了，后来又发现其中有不准确之处，必须尽快报告新的情况。每个人都要对自己所说或者所写的陈述负责。只有做到客观、准确、无误，才能赢得荣誉。西点认为，如果学生为自身利益采取欺骗行为，或帮别人这样做以期获得不正当的利益，就是以欺骗方式违反了"荣誉准则"。

西点认为影响荣誉的欺骗行为包括：剽窃，即不加证明地引用别人的观点、别人的话、别人的材料或工作，并将其占为己有；在作业的准备、修改或校对中得到别人帮助而不加以说明；使用未经允许的笔记，等等。

学员必须清楚、明确地注明作业中哪些不是自己独立完成的，特别要明确指出材料的全部来源和各种接受援助方式。受其启发而产生新的思路或观点的材料，学员也要注明。学员如果无意中看了别人的作业，尤其是评分作业，必须把情况向教员说明。学员必须知道，即使仅仅是为了验证自己的作业正确与否而去看别人的作业，也是违反"荣誉准则"的。

军营的严密生活环境和学员彼此间形成的信誉，是学员生活中不可改变的两个方面。荣誉准则和制度培养了学员间的友谊和信任，保证了严密的军营中即使门不上锁，学员也不用担心自己的财产被偷走。在西点人的眼里：信任，本身对你就是一种尊重，而你利用了别人对你的尊重，这是一件让人不齿的事。你不但会因此失去眼前的一切，而且你可能会失去一生的名声。在一个团体里，彼此信任可以产生一种安全感，也会使每一个成员把更多的精力投入到工作中，更愿意为集体的荣誉而奋斗。

西点的荣誉制度比纪律规定更有权威，更严厉。背离"荣誉准则"的处罚也比违反纪律的处罚来得严重。

1966届有一位不幸的新学员，由于过不惯冷峻单调的军营生活而心慌意乱，跑去参加一个学员的宗教团体晚会，想在那里找到一些安慰。其实，按照章程规定，他是有权参加这个聚会的，但是他以为自己是不能去的，于是偷偷地在缺席卡上填了"批准缺席"。

晚上回到宿舍后，他回顾了自己的所作所为，左思右想总觉得自己犯了罪，于是，他向学员荣誉代表坦白交代了。也是在这个时候，他才知道自己是有权参加那个聚会的。

但是一切都已经晚了，虽然他的行为一点也没有违反校规，但荣誉委员会认为他有违反"荣誉准则"的动机，因而有错，第二天他就被开除了。

西点的荣誉，是不容许任何人违背和挑衅的。

"为荣誉而战！"这是每一个身在战场上的海军陆战队队员心中最激昂、最响亮的声音，也是海军陆战队不断刷新战绩的原因所在。不论是在和平年代还是在战争年代，海军陆战队所承受的艰难困苦，在所有美国部队中都是最多的。从进新兵训练营起，艰苦的生活和巨大的压力就时刻伴随着每一个海军陆战队队员。军官的训练更苦，时间更长，而且军官的淘汰率高达50％！这支队伍也因此而英雄辈出。带领海军陆战队赢得1805年4月27日那场战争胜利的尼维尔·奥班纳，是海军陆战队的第一位英雄，虽然他没有得到任何勋章，但他赢得了海军陆战队队员永远的钦佩。塞密德雷也是一位英雄，16 岁便作为海军陆战队的一名军官参加战争，获得了两枚荣誉勋章，他试图退回一枚，但最后还是不得不接受了。普勒不仅是英雄，甚至被称作"圣人"，他从二等兵一直升到中将，先后赢得 5 枚海军十字勋章，被视为"永远忠诚"的化身。阿齐伯德·亨德森没有得到过令人羡慕的勋章，但他却在一个关卡守卫长达 39 年，76 岁时死于哨所中。

这支队伍之所以如此优秀，是因为有每一个海军陆战队官兵自始至终捍卫着海军陆战队的荣誉。他们英勇善战，在极其艰苦的条件下，以巨大的个人牺牲精神捍卫祖国的利益。尤其是在第二次世界大战中，他们的英勇表现，更是给那些精于算计、试图取消海军陆战队的人当头一棒。海军陆战队成为美国所有军队中唯一把他们的规模、结构和任务写进法律的部队。1947 年颁布的《美国国家安全法》中，明确规定海军陆战队必须包括至少 3 个陆战师和 3 个空军大队，外加适当的支援部队。

今天，海军陆战队依然是美国的王牌军，被视为美国称霸世界的"马前卒"。

"为荣誉而战！"这是多么感人的声音啊！如果这个声音放在工作中，那就是——"为荣誉而工作！"努力工作，在捍卫企业荣誉的同时，也树立了你自己的荣誉，受到别人的尊重。这里有一个关于种花人的故事，正说明了这个道理。

有一个人，生下来就双目失明，为了生存，他继承了父亲的职业——种花。他从来没有看到过花是什么样子。别人说花是娇美而芬芳的，他有空时就用手指尖触摸花朵、感受花朵，或者用鼻尖去嗅花香。他用心灵去感受花朵，用心灵绘出花的美丽。

他对花的热爱超出所有人，每天都定时给花浇水、拔草除虫。在下雨的时候，他宁可淋着，也要给花撑把伞；炎热的夏天，他宁可晒着，也要给花遮阳；刮风时，他宁可顶着狂风，也要用身体为花遮挡……

不就是花吗，值得这么呵护吗？不就是种花吗，值得那么投入吗？很多人甚至认为他是个疯子。

"我是一个种花的人，我得全身心投入到种花中去，这是种花人的荣誉！"他对不解的人说。正因为他为了荣誉而种花，他的花比其他所有花农的花都开得好，很受人欢迎。

为荣誉而工作，就是自动自发、最完美地履行你的责任，让努力成为一种习惯。责任是一种精神，责任即荣誉。责任来自于对集体的珍惜和热爱，来自于对集体中每个成员的负责，来自于自我的一种认定，来自于对自身不断超越的渴求——责任是人性的升华。

邮差弗雷德完美地诠释了这一点。

第一次遇见弗雷德，是在我买下新居后不久。迁入新居几天后，有人敲门来访，我打开房门一看，外面站着一位邮差。"上午好，桑布恩先生！"他说起话来有种兴高采烈的劲头。"我的名字叫弗雷德，是这里的邮差。我顺道来看看，向您表示欢迎，介绍一下自己，同时也希望能对您有所了解，比如您所从事的行业。"

弗雷德中等身材，蓄着一撮小胡子，相貌很普通。尽管外貌没有任何出奇之处，但他的真诚和热情却溢于言表，这真让人惊讶。我收了一辈子的邮件，还从来没见过邮差作这样的自我介绍，但这确实使我心中一暖。

我与邮差弗雷德就这样认识了，弗雷德的热情给我留下了深刻的印象。接下来，我出差，从外地赶回来时，邮差弗雷德的一个小小的举动，让我感觉到了更多的温暖。

两周后，我出差回来，刚把钥匙插进锁眼，突然发现门口的擦鞋垫不见了。我想不通，难道在丹佛连擦鞋垫都有人偷？不太可能。转头一看，擦鞋垫跑到门廊的角落里了，下面还遮着什么东西。

事情是这样的：在我出差的时候，美国联合递送公司（UPS）误投了我的一个包裹，放到了沿街再向前第五家的门廊上。幸运的是，邮差弗雷德看到我的包裹送错了地方，就把它捡起来，送到我的住处藏好，还在上面留了张纸条，解释事情的来龙去脉，又费心用擦鞋垫把它遮住，以避人耳目。

弗雷德已经不仅仅是在送信，他现在做的是 UPS 应该做好的分内的事！

邮差成千上万，对于他们中的大多数，送信仅是"一份工作"；对于某些人，它可能是一个让人喜欢的职业；但只对于少数几个"弗雷德"来说，送信才成为一种使命，成为一种荣誉，这种荣誉，来自于对工作的责任感。

荣誉就是你的生命

道格拉斯·麦克阿瑟，美国陆军五星上将。1899年中学毕业后考入西点军校，1903年以名列第一的优异成绩毕业。麦克阿瑟有过50年的军事实践经验，被美国国民称之为"一代老兵"。他是"美国最年轻的准将、西点军校最年轻的校长、美国陆军历史上最年轻的陆军参谋长"，麦克阿瑟凭借精妙的军事谋略和敢战敢胜的胆略，堪称美国战争史上的奇才。

1962年5月，82岁的麦克阿瑟应邀来到他的母校——西点军校，接受军校的最高奖励——西尔维纳斯·塞耶荣誉勋章。在这里，他检阅了学员队，进行了自己的告别演说：

"今天早晨，当我走出旅馆时，看门人问道：'将军，您上哪儿去？'一听说我要去西点，他说：'您从前去过吗？那可是个好地方！'

"这样的荣誉是没有人不深受感动的。长期以来，我从事这个职业，又如此热爱这个民族，能获得这样的荣誉简直令我无法表达自己的感情。

"然而，这种奖赏并不意味着对个人的尊崇，而是象征一个伟大的道德准则——捍卫这块可爱土地上的文化与古老传统的那些人的行为与品质的准则。

"这就是这个大奖章的意义。

"无论现在还是将来，它都是美国军人道德标准的一种体现。

"我一定要遵循这个标准，结合崇高的理想，唤起自豪感，同时始终保持谦虚……

"责任、荣誉、国家，这三个神圣的名词庄严地提醒你应该成为怎样的人，可能成为怎样的人，一定要成为怎样的人。

"它们将使你精神振奋，在你似乎丧失勇气时鼓起勇气，似乎没有理由相信时重建信念，几乎绝望时产生希望。

"遗憾得很，我既没有雄辩的词令、诗意的想象，也没有华丽的隐喻向你们说明它们的意义。

"怀疑者一定要说它们只不过是几个名词、一句口号、几个浮夸的短语。

"每一个迂腐的学究、每一个蛊惑人心的政客、每一个玩世不恭的人、每一个伪君子、每一个惹是生非之徒，很遗憾，还有其他个性不甚正常的人，一定企图贬低它们，甚至对它们进行愚弄和嘲笑。

"但这些名词的确能做到：塑造你的基本特性，使你将来成为国防卫士；使你坚强起来，认清自己的懦弱，并勇敢地面对自己的胆怯。

"它们教导你在失败时要自尊，要不屈不挠。

"胜利时要谦和，不要以言语代替行动，不要贪图舒适。

"要面对重压和困难，勇敢地接受挑战。

"要学会巍然屹立于风浪之中，但对遇难者要寄予同情。

"要先律己而后律人。

"要有纯洁的心灵和崇高的目标。

"要学会笑，但不要忘记怎么哭。

"要向往未来，但不可忽略过去。

"要为人持重，但不可过于严肃。

"要谦虚，铭记真正伟大的纯朴，真正智慧的虚心，真正强大的温顺。

"它们赋予你意志的韧性、想象的质量、感情的活力，从生命的深处焕发精神，以勇敢的姿态克服胆怯，甘于冒险而不贪图安逸。

"它们在你们心中创造奇妙的意想不到的希望，以及生命的灵感与欢乐。

"它们就是以这种方式教导你们成为军人和君子。

"你所率领的是哪一类士兵？他可靠吗？勇敢吗？他有能力赢得胜利吗？

"他的故事你全都熟悉，那是一个美国士兵的故事。

"我对他的估价是多年前在战场上形成的，至今没有改变。

"那时，我把他看作是世界上最高尚的人；现在，我仍然这样看他。他不仅是一个军事品德最优秀的人，而且也是一个最纯洁的人。

"他的名字与威望是每一个美国公民的骄傲。

"在青壮年时期，他献出了一切人类所赋予的爱情与忠贞。他不需要我及其他人的颂扬，因为他已用自己的鲜血在敌人的胸前谱写了自传。

"可是，当我想到他在灾难中的坚忍、在战火里的勇气、在胜利时的谦虚，我满怀的赞美之情不禁油然而生。

"他在历史上已成为一位成功爱国者的伟大典范，他在未来将成为子孙认识解放与自由的教导者，现在，他把美德与成就献给了我们。

"在数十次战役中，在上百个战场上，在成千堆营火旁，我目睹他坚韧不拔的不朽精神、热爱祖国的自我克制以及不可战胜的坚定决心，这些已经把他的形象铭刻在他的人民心中。

"从世界的这一端到另一端，他已经深深地为那勇敢的美酒所陶醉。

"当我听到合唱队唱的这些歌曲，我记忆的目光看到第一次世界大战中步履蹒跚的小队，从湿淋淋的黄昏到细雨蒙蒙的黎明，在透湿的背包的重负下疲惫不堪地行军，沉重的脚踝深深地踏在炮弹轰震过的泥泞路上，与敌人进行你死我活的战斗。

"他们嘴唇发青，浑身污泥，在风雨中颤抖着，从家里被赶到敌人面前，许多人还被赶到上帝的审判席上。

"我不了解他们生得是否高贵，可我知道他们死得光荣。

"他们从不犹豫、毫无怨恨、满怀信心，嘴边叨念着继续战斗，直到看到胜利的希望才合上双眼。

"这一切都是为了它们——责任、荣誉、国家。

"当我们蹒跚在寻找光明与真理的道路上时，他们一直在流血、挥汗、洒泪。

"20年以后，在世界的另一边，他们又面对着黑黝黝肮脏的散兵坑、阴森森恶臭的战壕、湿淋淋污浊的坑道，还有那酷热的火辣辣的阳光、疾风狂暴的倾盆大雨、荒无人烟的丛林小道。

"他们忍受着与亲人长期分离的痛苦煎熬、热带疾病的猖獗蔓延。

"他们坚定果敢地防御，他们迅速准确地攻击，他们不屈不挠地前进，他们全面彻底的胜利——永恒的胜利——永远伴随着他们最后在血泊中的战斗。

"在战斗中，那些苍白憔悴的人们的目光始终庄严地跟随着责任、荣誉、国家的口号。

"这几个名词包含着最高的道德准则，并将经受任何为提高人类道德水准而传播的伦理或哲学的检验。

"它所提倡的是正确的事物，它所制止的是谬误的东西。

"高于众人之上的战士要履行宗教修炼的最伟大行为——牺牲。

"在战斗中，面对着危险与死亡，他显示出造物主按照自己意愿创造人类时所赋予的品质。只有神明能帮助他、支持他，这是任何肉体的勇敢与动物的本能都代替不了的。无论战争如何恐怖，招之即来的战士准备为国捐躯是人类最崇高的进化。

……

"我的生命已近黄昏，暮色已经降临，我昔日的风采和荣誉已经消失。

"它们随着对昔日事业的憧憬，带着那余晖消失了。

"昔日的记忆奇妙而美好，浸透了眼泪和昨日微笑的安慰和抚爱。

"我尽力但徒然地倾听，渴望听到吹奏起床号那微弱而迷人的旋律，以及远处战鼓急促敲击的动人节奏。

"我在梦幻中依稀又听到了大炮在轰鸣，又听到了滑膛枪在鸣放，又听到了战场上那陌生、哀愁的呻吟。

"然而，晚年的回忆经常将我带回到西点军校。

"我的耳旁回响着，反复回响着：责任、荣誉、国家。

"今天是我对你们进行最后一次的点名。

"但我愿你们知道，当我到达彼岸时，我最后想的是：学员队，学员队，还是学员队。

"我向大家告别。"

荣誉是职业军人的行为标志，也是军事生涯的重要组成部分。西点的基本教育方针指出：责任和荣誉是军事职业伦理观的基本成分，它们鼓舞并指导毕业生努力报效国家。荣誉起着某种完美观念的作用，这一作用既可以使爱国主义精神长存，又可以提供一种度量责任履行程度的天平。这无疑充分说明了荣誉在这三者之间的重要性，荣誉肩挑着责任和国家。

西点把荣誉看得非常重要，新生刚入学，首先就要接受 16 个小时的荣誉教育。之后，西点又以不同的方式将荣誉教育体系贯穿于 4 年学习生活的始终。目的就是让每一个学员逐步树立一种坚定的信念：荣誉是西点人的生命。

菲尔将军说："在西点军校，荣誉制度是非常重要的。我认为，这一荣誉制度是西点军校不同于其他学校的关键所在。我非常珍惜这一制度，如果我们去掉它，我宁愿从后备军官训练团和候补军官学校接收陆军军官，而把西点军校忘掉。这就是荣誉制度的重要性。"

"荣誉就是你的生命"这种理念赋予了西点毕业生热情、自豪和卓越的领导能力。西点的毕业生无论是在哪个行业，哪怕是最低的薪水，他们也会觉得自己是这一伟大事业中很重要的一分子。

为荣誉而战斗

西点军校一向以培养最优秀的领导人才为己任，希望学员们追求崇高远大的目标，努力做好手头的工作。自 1802 年创校以来，西点就建立了一套独特的教学体系，希望"教人以品德"，培养出具有崇高使命感的优秀军人与杰出领导人才。

对于西点的课程，我们与其说它是一种策略或目标，不如说它是一套价值理念的哲学与实践。西点的教育课程范围很广，体系严格，涵盖了学员身体、知识和心灵的方方面面，并希冀以此培养出一批健全勇敢、有使命感的军官。

与许多人所想象的四肢发达、头脑简单的形象相反，西点的士兵们思考得很周到、很细腻，经常把国家、人民、社会这些事关重大的使命放在心头。西点的教官们认为，并不是只有少数人天生具有当领导的特质，而是每个人都有成为领导者的潜力。西点的主要任务就是把这种潜力发掘出来。

1979 年 2 月 20 日，西点军校校长 A.J. 古德帕斯特中将带领全校教职员工修订了教育方针的总论。

教育方针的总论规范了西点军校的使命：教育、训练和培养学员，使每一名毕业生具备一名陆军军官所必需的性格、领导才能、智力基础和其他方面的能力，以便更好地效力于国家，并且具备不断进步的能力，继续发展自己。

为完成这项使命，西点确定和完善了融智能、军事、体魄、道德伦理为一体的全面教育方针。这 4 个方面的教育方针较为准确地描述了西点军校为教育、训练和激励学员所实施的计划。使这 4 个方面组成完整的一体，每一方面的内容都可以为其他方面进行充实和补充。因此，具体的课程设置既要考虑到良好的本科教育，又要考虑到受陆军的人文和技术复杂性支配的要求。学员既接受持续的军事项目教育，又可以获得多种机会以提高理想军官所必须具备的领导能力。而体育计划则把体质训练和体育教育紧密结合，以培养适应军队对身体条件的特殊要求，以及在职业中进行模范服务所需的种种能力和品质。贯穿在上述各项教育之中的，是对每一个学员进行积极进取的道德精神品质的培养。

尽管西点军校的教育方针是较为系统的，但学校不期望学员以一种刻板的模式被动地来适应这种教育方针，而是期望以一种持续的、师生双方共同努力的、联合实现教育方针的形式，顺利实现培养目标。军校强化的中心任务之一，就是使4个年级的学员与他们的教育、训练和领导者之间建立互相合作的关系。塞耶是做出这种努力的先驱，继任的优秀者无不想方设法在构筑这种良好的合作关系上投入精力。在一些重要领域，诸如学员的学习态度、教官的战术以及学员自觉遵守荣誉准则和基本方针等方面，军校着力克服一种划分"我们与他们"的潜在意识，从而把军校变成共同的军校，把陆军变成我们的陆军，把国家变成我们的国家。由此及彼，通过共同关心军校，达到关心国家和发展个人的双重使命。

由于入学标准严格，只有那些真正显示出坚强的性格特征、高水平的智能、军事和体魄潜力的报考者才能有机会成为西点军校的学员。在接受这一机会的同时，考入者也就获得了迎接挑战的机会，一种为达到最佳水平奋斗的机会，一种承负更重责任的机会。虽然只有极少数学员能够取得最佳成绩，而且不会是每一方面都达到最佳，但学校仍然坚持要求所有的学员向最佳方向努力，并在各自的成长过程中，认识自身的相对能力和极限，特别是认清自身未来要肩负的责任。西点认为，建立起一种达到最佳的追求精神比建立起一套测定能力的标准更为重要。这种精神成为西点人承担责任和作出最大贡献的试金石。

达到最佳水平，是通过不断超越自身而实现的。西点一直在努力为学员超越自身创造各种条件。他们引导学员正确认识自己的长处和短处，并学会扬长避短，由此建立和巩固自己的优势，使强项更强。在学员的各种努力中，除了怎样支配时间和资源以外，学员必须加强在错综复杂的思考基础上作出合理的判断。

第二次世界大战前，美国向全世界发表宣言，表达自己的政治主张和发展战略。这个时候，西点军人看到了自己的责任，看到了自己的使命。他们似乎披坚执锐地伫立了很久，似乎在静静地等待着召唤。几乎每个学员都充满了成就感、责任感和使命感，并为这种召唤做着准备。

"现在轮到我了。"一位西点人如是说。

西点人以独特的方式和手段，营造了一种成就氛围，一种类似于"以天下为己任"的群体氛围。

这种使命感使每个西点人对工作都充满了责任与热爱，努力追求卓越，不敢有丝毫懈怠。

以下是一名西点校友的真实回忆：

每一个从西点毕业的人都怀有这种使命感。在西点毕业30年之后的一天，我在五角大楼一间办公室里与我两个最好的朋友喝着咖啡。一个是西点同学汤姆·温斯坦，另一个是经由预官训练队加入陆军的鲍勃·黎斯卡西。这时我们都已是三星将领，都感叹着我们在华府——无论在五角大楼或在国会山——会碰到这么多一心只想往上钻营的人。

汤姆是个精明的人，这时他担任陆军情报署署长，凡事都有一针见血的本领。我问他："你为什么还是谨守着那套别人都不当回事的伦理与道德标准而活着？为什么不像别人那样也去钻营高位？"

他想了一下才答复这个问题："当我进西点的时候，我只是个来自新泽西州、什么都不懂的小孩。我们在西点的 4 年里，他们教给我们的那套玩意儿你都还记得吗？好，我告诉你，我真的相信那套玩意儿。"

是的，我也相信，那就是责任、荣誉、国家。

西点人就是这样，哪怕是退役，进入商界，仍把责任、荣誉和公司效益联系在一起，视之为使命，追求更完美的境界。如果一个人缺乏为荣誉而战斗的精神，其表现之糟、业绩之差可想而知。

第二条　忠诚是一种义务

忠诚是一种义务

西点人认为，对于军人来说，恐怕没有比忠诚更加重要的品质了，它的重要性甚至超过了听从指挥、纪律严明、艰苦奋斗一类的东西。爱人有了忠诚，爱情才会牢固；朋友有了忠诚，友情才会长久；战士只有具备了忠诚的品质，才值得人们信赖，否则，他就是一个潜在的敌人，说不定什么时候就会掉转枪口，自相残杀！

忠诚，既是无上的光荣，也是沉甸甸的责任。身在一个团队中，就是同生共死、荣辱与共的关系，无论是为了团队的良性发展，还是为了自己的卓越成长，都需要我们用生命去实践，以此捍卫忠诚的尊严。

1916年，作为美国墨西哥远征军总司令潘兴将军的副官的巴顿，有过一次相当惊险的送信经历。巴顿将军在他的日记中写道：

西点军校22条军规

"有一天，潘兴将军派我去给豪兹将军送信。但我们所了解的关于豪兹将军的情报只是他已通过普罗维登西区牧场。天黑前我赶到了牧场，碰到第7骑兵团的骡马运输队。我要了2名士兵和3匹马，顺着这个连队的车辙前进。走了不多远，又碰到了第10骑兵团的一支侦察巡逻兵。他们告诉我们不要再往前走了，因为前面的树林里到处都是维利斯塔人。我没有听，沿着峡谷继续前进。途中遇到了费切特将军（当时是少校）指挥的第7骑兵团的一支巡逻队。他们劝我们不要往前走了，因为峡谷里到处都是维利斯塔人，而他们也不知道豪兹将军在哪里。但是我们继续前进，最后终于找到了豪兹将军。"

很难想象，一名士兵要是没有忠诚意识，是否还可以像巴顿将军那样把任务执行到底。对于优秀的士兵来说，忠诚就像是他的第二生命，丝毫亵渎不得。哪怕前面有再多的困难、再大的危险，他的心中也只有一个念头：忠于职守，听从命令！

忠诚不仅是个人道德水平的体现，同时也是个人魅力的展现。没有人不喜欢忠心耿耿的部下，也没有人会喜欢随时可能背叛自己的人。在生活中，如果你对别人不够忠诚，别说是企业老板，就连朋友都会对你敬而远之，因为你是不值得信赖的。在这种情况下，你的聪明程度便跟你的危险程度成正比，人们最理性的选择当然是躲得远远的！

在西点的宣传材料上，我们经常可以看到概括军校职责的一句话："为国家培养有道德品格的领袖。"不管出于什么目的，不管做出什么变革，西点在这方面的要求始终如一，把效忠军队、报效祖国作为军人的第一要义，这也使西点赢得了社会各界和国家领导人的广泛赞誉。就如同西点校训所提醒的，一名军人只有时刻把国家放在心头，忠于你的国家与人民，你才是一名合格的战士，才有可能在战场上与战场下发挥作用、实现价值。

西点军校历来重视忠诚教育，几乎没有叛军叛将出现。哪怕是放眼到200多年的美国历史上，也只有建国初期本尼迪克·阿诺德这样的守将才制造过叛变事件，可谓屈指可数。本尼迪克·阿诺德的下场同其他背叛者一样，流亡他国，最后落得个名利双输、郁郁而终的下场。

对于西点人来说，忠诚不是个抽象的概念，而是实实在在的行动，它首先体现为忠于你所在的团队，尊重和帮助你身边的每一个人。在西点军校，大家信奉的是：我们这样团结起来，可以营造一种集体观念的气氛。军官在人行道上相遇，总是彼此问候致意；学员们总是自觉地帮助学习较差的同学；如果某学员的汽车坏在路上，毫无疑问，过路者一定会伸出援助之手。这使得西点军校上下级的关系变得十分牢固，在战斗中显得更加紧密团结。

此外，在军旅甚至是退役后的日常生活里，西点校友间的相互提携、指引照料也是很普遍的现象。西点是这样教育未来的军官们的：做你的"士兵"的坚强后盾，因为这是建立互信与产生忠诚的最有效的途径。因此，西点军校的忠诚不是单向的、片面的，而是双向的，既要忠于上级，也要忠于下级。一个时时维护同学、同事乃至下属利益的军官懂得利用西点军校的"辩护概念"，维护学员的合法权益，用自己的忠诚赢得他人的忠诚。

亨利·奥西恩·弗利波尔自1856年出生以来就是奴隶身份，在内战结束后获准进入西点军校就读，他是西点军校第一个非洲裔美国人。战争对西点军校的影响也很大，校内分成了北方和南方两派，有些人等着看亨利·奥西恩·弗利波尔的笑话，看他如何逃离西点军校。但是有些善良的西点人站了出来，向这个昔日的黑奴伸出了友谊之手。在大家的帮助下，亨利·奥西恩·弗利波尔成长得很快，成为1900年之前西点毕业的仅有的3名黑人军校生之一。毕业之后，亨利·奥西恩·弗利波尔一直恪守西点校训，对国家忠心耿耿，跟着塞耶教官做出了许多不平凡的成就，成为美国军中的一名出色干将。

当同事或下属面临困境时，西点人总是毫不犹豫地站出来，为他说话，给他帮助，就是这种互相帮助的举动塑造了西点人牢固的忠诚意识。无论走到哪里，无论退役与否，西点人永远记得他们的母校，永远记得他们的校训！

一个人，只有忠诚于团队，才能获得良好的工作环境与前进的动力，才能赢得他人的支持与帮助。一个拥有忠诚员工的企业必定是个高度团结、执行有力的团队。

很多人都认为，选择了忠诚就意味着放弃了利益；选择了忠诚就意味着永远奉献甚至牺牲……其实，这是一种狭隘的忠诚，甚至可以说是一种错误的忠诚！真正的忠诚是能够带来利益的，而且忠诚所带来的利益是最为丰厚的！只要我们将忠诚投资于我们的岗位，将忠诚投资于我们的企业，我们就一定能够得到丰厚的回报，只不过有时候这种回报不一定是立竿见影的，却一定是最为厚重、最为长久的！

美国商界名人约翰·洛克菲勒曾对工作做过这样的注解："工作是一个人施展才华的舞台。我们寒窗苦读来的知识、我们的应变力、我们的决断力、我们的适应力以及我们的协调能力都将在这样的一个舞台上得到展示……"但是，我们怎样才能够让这些才能有机会展示出来呢？这就需要忠诚！只有让公司信任你，认为你足够忠诚，你才会被委以重任，才会最终得到这些能够让自己自立自强的发展平台，最终实现自己的人生抱负。

但是在很多企业里，被老板重点培养并指望他有朝一日能够接班的"精英"，却突然在某一天带走了公司大批骨干和大量市场资源，另立门户和老板打起了竞争战的情况时有发生。在很多企业里，接到任务的员工不是消极应付就是推诿，"这事不该我负责"、"为什么不叫张三去做"、"李四正闲着"、"我太忙"。有的虽然什么也不说，心里却根本不打算把工作做好。这些员工，首先缺乏的是敬业精神，又何来忠诚可言？

忠诚是人类最重要、价值最高的美德之一。作为企业的一员，不管你是否优秀，都应该把忠诚作为自己的第一要职。面对一点小小的诱惑，也许你会很自然地选择不违背你的道德观的做法。但当体面的工作、家庭的幸福、自己的价值观都处在危险之中时，你能保证坚持原则吗？然而，越是这样，我们越要坚持自己做人的原则，坚守我们的职业良心，对企业忠诚，因为这也是职业和命运考核我们的时候。

有一天，有个承包松下公司零件制造的厂家老板，偶然向松下幸之助提到他的企业里有一个高级人才老是与他唱反调，使他很烦恼。"我制订的计划，他总是说这样不好那样又不对，他什么都反对，不停地唱反调。"

松下幸之助对那老板说："如果你不想用他的话，把他介绍给我好不好？"

这个爱唱反调的人是名叫中尾哲二郎的26岁青年，松下幸之助发现虽然他事事都跟管理者作对，可是，他并不是故意习难或懒散不做事，相反，他提出的"反调论"的确是经过深思熟虑的，并且要比公司既定的方案好得多。

于是，松下幸之助很诚恳地邀请中尾哲二郎到松下公司工作。

刚开始，中尾哲二郎在松下公司担任技术员。在工作中，他依然爱提反对意见，时常因技术问题跟管理者或者同事甚至是松下幸之助发生争执。不过，中尾哲二郎在工作上十分投入，他的提议也显示出他具备了专业技术人员的最重要条件。

8年后，松下幸之助看重他为公司尽心尽力的工作态度，邀他加入松下电器公司的执行董事会，他也毫不客气地接受了这项邀请。当时他还十分年轻，只有34岁。

两年之后，中尾哲二郎成为决策部门的高级董事。到1952年，他已经成为松下企业的副总裁。在他去世之前，仍会与松下幸之助为工作上的事情发生争执，甚至与董事会唱反调。但是，连松下幸之助自己也承认，如果没有中尾哲二郎加入他的事业，如果没有中尾哲二郎中肯的意见，松下企业的发展可能要打个很大的折扣。

现在人们才明白，其实松下幸之助早就认识到，敢唱反调的人不一定都是破坏者，唱反调者并非因为不同意公司的决策就故意不做事或中伤公司的声誉。相反，他们是为了企业的振兴才努力找出所存在的问题。

如果人生是一趟没有回头路的火车，那么每一次诱惑都是会诱惑火车出轨的歧路。有的人利令智昏，有的人心存侥幸，背离了自己的职业良心，背叛了培养自己的企业与老板。他们看似奔向了一条康庄大道，却误入歧途，走入了一条职场不归路。

忠诚就是要全力以赴

毕业于西点军校的美国前国务卿鲍威尔年轻的时候，为了帮家里补贴生计，经常从事各种繁重的工作。

有一年夏天，鲍威尔在一家汽水厂当杂工。除了洗瓶子外，老板还要他擦地板、搞清洁等。但是他都毫无怨言、很认真地去干。有一天，有人在搬运产品中打碎了50瓶汽水，弄得车间里到处都是泡沫和玻璃碎片。按照常规，这得让弄翻产品的工人清理打扫。但是老板为了节省人力，就让干活麻利爽快的鲍威尔去打扫。鲍威尔当时很郁闷，想大发脾气硬是不干。但是转念想想，自己是厂里的清洁工，这也是自己分内的活，就心平气和地把满地狼藉的赃物扫除揩拭得干干净净了。

过了两天，厂里的负责人通知他：他已经被晋升为装瓶部主管。从那以后，他就记住了一条真理：凡事全力以赴，总会有人注意到自己的。

不久之后，鲍威尔以优异的成绩考上了西点军校。之后官至美国参谋长联席会议主席，领衔四星上将，北大西洋公约组织、欧洲盟军总司令和美国国务卿。

即便是取得了这么高的地位，他也一直没有忘记"全力以赴"这个工作信念。他每天都是最早上班，又是最晚下班的。鲍威尔在西点军校演说的时候，曾以"凡事全力以赴"为题，对学员们讲述了这样一个故事：

在建筑工地上，有3个挖沟的工人。一个志比天高，每挖一阵就挂着铲子说："我将来一定会做房地产老板！"第二个整天都在抱怨工作辛苦，报酬低。第三个一声不响挥汗如雨地埋头苦干，与此同时，他的脑子也在不停琢磨着如何挖好沟坑让地基更加牢固……

若干年后，第一个人仍然还在拿着铲子干着挖沟的苦活；第二个虚报工伤，找个借口提前病退，每月领着仅可糊口的微薄退休金；第三个成了一家建筑工地的老板。

这个故事以及鲍威尔的亲身经历最后成了西点军校教育学员"凡事都要全力以赴"的活教材。因为西点人知道，一个人是否能变得优秀，一个人能够在工作中创出怎样的成绩，关键不在于这个人的能力是否卓越，也不在于外界的环境是否优越，关键在于他是否竭尽全力。一个人只要竭尽全力，即使他所从事的只是简单平凡的工作，即使他的能力并不突出，即使外界条件并不有利，他仍然可以在工作中创造出骄人的成绩。

阿尔伯特·哈伯德先生在《把信送给加西亚》里讲述了这么一个故事：

"一切有关古巴的事情中，有一个人常常从我的记忆中冒出来，让我难以忘怀。

"美西战争爆发时，美国总统必须立即与古巴的起义军首领加西亚取得联系。加西亚在古巴广阔的山脉里——没有人确切地知道他在哪里，也没有任何邮件或电报能够送到他手上。而美国总统麦金莱又必须尽快地得到他的合作。

"怎么办呢?

"有人对总统说:'如果有人能够找到加西亚的话,那么这个人就是罗文。'

"于是总统把罗文找来,交给他一封写给加西亚的信。至于那个名叫罗文的人,如何拿了信,用油纸袋包装好、打封,放在胸口藏好;如何经过4天的船路到达古巴,再经过3个星期,徒步穿过这个危险的岛国,终于把那封信送给加西亚——这些细节都不是我想说的。我要强调的重点是:

"美国总统把一封写给加西亚的信交给罗文;而罗文接过信之后,并没有问:'他在什么地方?'

"像罗文这样的人,我们应该为他塑造铜像,放在所有的大学里,以表彰他的精神。年轻人所需要的不仅仅是从书本上学习来的知识,也不仅仅是他人的种种教诲,而是要塑造一种精神:忠于上级的托付,迅速地采取行动,全力以赴地完成任务——'把信送给加西亚'。

"加西亚将军已经不在人世,但现在还有其他的'加西亚'。没有人能够经营好这样的企业——在那里虽然有众多人手,但是令人惊讶的是,其中充满了许多碌碌无为的人,这些人要么没有能力,要么不情愿去集中精力做好一件事。

"工作上拖拖拉拉、漫不经心、三心二意似乎已成常态;没有人能够成功,除非威逼诱惑地强迫他人帮忙;或者,请上帝大发慈悲创造奇迹,派一名天使相助。

"你可以就此做个试验：

"你正坐在办公室里——你可以随时给 6 名职员安排任务。你把其中任何一名叫过来，对他说：'请帮我查一查百科全书，把克里吉奥的生平做成一篇摘要。'

"他会静静地说：'好的，先生。'

"然后他会去执行吗？

"我敢说他绝对不会，他会用死鱼般的眼睛盯着你，然后满脸疑惑地提出一个或数个问题：

"'他是谁呀？'

"'哪套百科全书？'

"'百科全书放在哪儿？'

"'这是我的工作吗？'

"'为什么不叫乔治去做呢？'

"'急不急？'

"'需不需要我拿书过来你自己查？'

"'你为什么要查他？'

"我敢以 10∶1 的赌注跟你打赌，在你回答了他提出的所有问题，解释了怎样去查那些资料以及你为什么要查的理由之后，那个职员会走开，吩咐另外一个职员去帮他'寻找加西亚'，然后回来向你复命：没有这样一个人。当然，我可能会输掉赌注，但是根据平均概率法则，我不会输。

"现在，如果你足够聪明，你就不必费神地对你的'助理'

解释：克里吉奥编在什么类，而不是什么类。你会微笑着说：'没关系！'然后自己去查。

"这种自主行动的无能，这种道德上的愚行，这种意志上的脆弱和惰性，就是未来社会被带到崩溃境地的根源。如果人们不能为了自己而自主行动，人们又怎么可能心甘情愿地为他人服务呢？

"乍看起来，所有的公司都有许多可以委以任务的人选，但是事实真是如此吗？你刊登广告招聘一名速记员，应聘者中，十有八九不会拼也不会写，他们甚至认为这些都无所谓。

"这种人能够写出一封'致加西亚的信'吗？

"'你看那个职员。'一家大工厂的主管对我说。

"'我看到了，他怎么样？'

"'他是个很好的会计，不过如果我让他去城里办个小差事，他可能会完成任务，但很可能在途中走进酒吧，而到了市区，他还可能根本忘记了他自己是来干什么的。'

"这种人你能把'给加西亚送信的任务'交给他吗？

"近来，我们听到了许多人对'在苦力工厂工作的可怜人'和'那些为了寻找一份舒适的工作而频繁跳槽的人'表示同情，但是从来没有人提到，那些年龄正在不断变老的雇主们白费了多少时间和精力去促使那些不求上进的懒虫们勤奋起来；也没有人提到，雇主们持久而耐心地期待那些当他一转身就投机取巧、敷衍了事的员工能够振奋起来。

西点军校22条军规

"在每家商店和工厂，都有一些常规性的整顿工作。雇主们经常送走那些不能对公司有所助益的员工，同时也会接纳一些新的成员。不论有多忙，这种淘汰工作都要进行。只是当经济不景气、就业机会不多的时候，整顿才会有明显的绩效—那些不能胜任、没有才能的人，都被摈弃于公司大门之外，只有最能干的人，才会被留下来。这是一个优胜劣汰的机制。雇主们为了自己的利益，只会保留那些最佳的职员—那些能'把信送给加西亚'的人。

　　"我认识一个有真才实学的人，但他没有独自经营企业的能力，并且对他人也没有丝毫的价值，因为他总是偏执地怀疑他的雇主在压榨他，或有压榨他的倾向。他没有能力指挥他人，也不愿意被他人指挥。如果你要他去'把信送给加西亚'，他的回答很可能是：'你自己去吧！'

　　"当然，我知道像这种道德残缺的人比那些肢体残缺的人更不值得同情；但是，我们对那些用毕生精力去经营一个伟大企业的人应该予以同情：下班的铃声不能够停止他们的工作，他们因为努力维持那些漫不经心、拖拖拉拉、不知感激的员工的工作而白发日增。那些员工从来不愿想一想，如果没有雇主们付出的心血，他们是否将挨饿和无家可归？

　　"我是否说得太严重了？可能如此。但是，就算整个世界变成贫民窟之时，我也要为成功者说几句同情的话——他们承受巨大的压力，导引众人的力量，终于获得了成功；但他从成功中得到了什么呢? 除了食物和衣服, 其他什么也没有。

"我曾经为了衣食而为他人工作, 也曾经当过一些雇员的老板, 我深知其中的甘甜苦乐。贫穷没有什么优越之处, 也不值得赞美, 衣衫褴褛更不值得骄傲。并非所有的雇主都是采取高压手段极力压榨员工, 并且我敢说, 大多数雇主都更富有美德。

"我敬佩的是那些不论老板在与不在都会坚持工作的人。当你交给他一封'致加西亚的信'时, 他会迅速地接受任务, 不会问任何愚蠢的问题, 更不会随手把信扔到水坑里, 而是全力以赴地把信送到。这样的人永远不会被解雇, 也永远不会为加薪而罢工。

"文明, 就是孜孜不倦地寻找这种人才的一段长久过程。

"这样的人无论有什么愿望都能够得以实现。每个城市、乡镇、村庄, 以及每个办公室、商店、工厂, 都需要他参与其中。世界呼唤这种人才——非常需要并且急需——这种能够'把信送给加西亚'的人。"

一位经理在描述自己心目中的理想员工时说:"我们所急需的人才, 是意志坚定、工作起来全力以赴、有奋斗进取精神的人。我发现, 最能干的人大体是那些天资一般、没有受过高深教育的人, 他们拥有全力以赴的做事态度和永远进取的工作精神。做事全力以赴的人获得成功的几率大约占到九成, 剩下一成的成功者靠的是天资过人。"这种说法代表了大多数管理者的用人标准: 除了忠诚以外还应加上全力以赴。

第三条　绝不推卸责任

绝不推卸责任

毕业于西点军校的麦克阿瑟将军曾是西点军校的校长。《责任、荣誉、国家》是麦克阿瑟将军在西点军校发表的一篇激动人心的演讲，其中讲道：

"你们的任务就是坚定地赢得战争的胜利。你们的职业中只有这个生死攸关的献身，此外什么也没有。其余的一切公共目的、公共计划、公共需求，无论大小，都可以寻找其他的办法去完成；而你们就是训练好参加战斗的，你们的职业就是战斗——决心取胜。在战争中明确的认识就是为了胜利，这是代替不了的。假如你失败了，国家就要遭到破坏，唯一缠住你的公务就是责任、荣誉、国家。"

责任是西点军校对学员的基本要求。它要求所有的学员从入校的那天起，都要以服务的精神自觉自愿地去做那些应该做的事，都有义务、有责任履行自己的职责，而且在履行职责时，其出发点不应是为了获得奖赏或避免惩罚，而是出于发自内心的责任感。正是西点军校多年来向其学员实施的这种责任感的教育，为学员毕业后忠实地履行报效祖国的职责和义务奠定了坚实的思想基础。

西点人勇于承担责任，在执行任务中，不论要面对多么艰巨的困难，他们都会毫不犹豫地应承下来，而非推卸责任。对西点军人来说，责任是一种义务，也是一种荣誉。西点军人历来视能够承担责任的军人为勇士，与为国捐躯一样光荣。

毕业于西点的海军中将纳尔逊 1870 年参加海军，21 岁升为上尉，1894 年在一次海战中失去了右眼，1896 年晋升为分舰队司令，次年授予海军少将衔。在一次战役中他失去右臂，复员返乡。1896 年，他重返军队时晋升为海军中将。1898 年 10 月 21 日，在古巴特拉法尔加角海战中，他率军大败法西联合舰队，最终挫败西班牙入侵美国的计划，英勇献身。作为一名西点人，他的遗言是"感谢上帝，我履行了我的职责"。

纳尔逊习惯在战争中祈祷，祈祷内容包括：期望海军以人道的方式获胜，以区分于他国。他是这么说的，也是这么做的，两次下令停止炮击"无敌号"舰，因为他认为该舰被击中了，已丧失战斗力。可惜的是，他最终死于这艘他两次手下留情的炮舰。当两舰甲板之间的距离不超过 15 码（1 码＝ 0.9144 米）的时候，敌舰从尾桅顶部开火，击中了他的肩膀。更糟糕的是，他的前胸也不断涌出鲜血。

经过检查，大家发现这是致命伤。这事除了哈定舰长、牧师和医务人员知道外，向所有人保密。但纳尔逊似乎已经意识到回天乏术了，所以他坚持让外科医生离开，代之以那些他认为有用的人。

哈定说毕提医生可能还有希望挽救他的生命。"哦，不！"他说，"这不可能，我的胸全被打透了，毕提会告诉你的。"然后哈定再次和他握手，痛苦得难以自制，匆匆地返回甲板。

毕提问他是不是非常痛。"是的，痛得我恨不得死掉。"他低声回答说，"虽然希望多活一会儿。"

哈定舰长离开船舱15分钟后又回来了。纳尔逊很费力地低声对他说："不要把我扔到大海里。"他说最好把他埋葬在父母墓边。然后，他流露了个人感情："关照亲爱的汉密尔顿夫人，哈定。关照可怜的汉密尔顿夫人。哈定，吻我。"

哈定跪下去吻他的脸。纳尔逊说："现在我满意了，感谢上帝，我履行了我的职责！"

他说话越来越困难了，但他仍然清晰地说："感谢上帝，我履行了我的职责！"他几次重复这句话，这也是他留给世人的光辉榜样。

西点的优秀军人纳尔逊用生命诠释了职责的神圣含义。

对于西点人来说，推卸责任是一种耻辱。当一个国家把自己的安危交付给他们的时候，西点人觉得没有任何事情能比承担起

西点军校22条军规

这个责任更为重要和伟大。就如西点毕业生罗伯特·爱德华·李所说的，"责任在我们的语言里是一个最崇高的字眼。做所有的事情都应尽职尽责；你不能越俎代庖，你也永远不要期盼得过且过"。

事实上，不管做什么事情，只要我们像西点人一样怀着一颗勇担责任的心，全心全意，尽职尽责，那么我们的事业便会变得一帆风顺，而生活也会变得更加充实和意义非凡。

无论我们做什么工作，处在什么岗位上，都应该尽职尽责，勇敢地承担起责任。一个人如果缺乏责任感，他就不可能以认真的态度去处理事情。很多员工总是游离在公司之外，就是因为他从来没有对公司的事情负起过责任。试想：一个不负责任的员工怎么可能具备主动精神呢？怎么可能创造出良好的业绩呢？又怎么可能赢得老板的赏识呢？

相反，如果我们像西点军校的学员们那样对企业充满责任感，一切就会大不相同。即使你的工作环境很困苦，但如果你能勇于承担责任，全身心地投入工作，你最后收获的肯定不仅仅是经济上的补偿，还有职位上的提升、人格的自我完善。

责任是一种与生俱来的使命

爱默生说："责任具有至高无上的价值，它是一种伟大的品格，在所有价值中它处于最高的位置。"科尔顿说："人生中只有一种追求，一种至高无上的追求——对责任的追求。"

责任，从本质上说，是一种与生俱来的使命，它伴随着每一个生命的始终。事实上，只有那些能够勇于承担责任的人，才有可能被赋予更多的使命，才有资格获得更大的荣誉。一个缺乏责任感的人，或者一个不负责任的人，首先失去的是社会对自己的基本认可，其次失去的是别人对自己的信任与尊重，甚至也失去了自身的立命之本——信誉和尊严。

清醒地意识到自己的责任，并勇敢地扛起它，无论对于自己还是对于社会都将是问心无愧的。人可以不伟大，人也可以清贫，但我们不可以没有责任。任何时候，我们不能放弃肩上的责任，扛着它，就是扛着自己生命的信念。

责任让人坚强，责任让人勇敢，责任也让人知道关怀和理解。因为我们对别人负有责任的同时，别人也在为我们承担责任。无论你所做的是什么样的工作，只要你能认真地、勇敢地担负起责任，你所做的就是有价值的，你就会获得尊重。有的责任担当起来很难，有的却很容易，无论难与易，不在于工作的类别，而在于做事的人。只要你想、你愿意，你就会做得很好。

世界上所有的人都是相互依存的，只有所有人共同努力，郑重地担当起自己的责任，才会有生活的宁静和美好。任何一个人懈怠了自己的责任，都会给别人带来不便和麻烦，甚至是生命的威胁。

我们的家庭需要责任，因为责任让家庭充满爱；我们的社会需要责任，因为责任能够让社会平安、稳健地发展；我们的企业需要责任，因为责任让企业更有凝聚力、战斗力和竞争力。

有一个叫责任者的游戏。游戏的规则是两个人一组，两个人相距一米远的距离。整个游戏必须在黑暗中进行，一个人向另一个人的正面平躺倒下去，另一个人站在原地不动，只是用手接着对方的肩膀，并说："放心吧，我是责任者。"接人者要确保能扶住倒下者。游戏的寓意是让每个人意识到承担责任的重要性，让每个人做一个责任者。那责任到底是什么？我们每一个人都在生活中饰演着不同的角色。无论一个人担任何种职务，做什么样的工作，他都对他人负有责任，这是社会法则，这是道德法则，这还是心灵法则。

在这个世界上，每个人都扮演了不同的角色，每一种角色又都承担了不同的责任，从某种程度上说，对角色饰演的最大成功就是对责任的完成。正是责任，让我们在困难时能够坚持，让我们在成功时保持冷静，让我们在绝望时懂得不放弃，因为我们的努力和坚持不仅仅为了自己，还为了别人。

社会学家戴维斯说："放弃了自己对社会的责任，就意味着放弃了自身在这个社会中更好地生存的机会。"放弃承担责任，或者蔑视自身的责任，就等于在可以自由通行的路上自设路障，摔跤绊倒的也只能是自己。

责任就是对自己所负使命的忠诚和信守，责任就是对自己工作出色的完成，责任就是忘我的坚守，责任就是人性的升华。实际上，当一个人怀着宗教一般的虔诚去对待生活和工作时，他是能够感受到责任所带来的力量的。

古希腊雕刻家菲迪亚斯被委任雕刻一座雕像，当菲迪亚斯完成雕像后要求支付薪酬时，雅典市的会计官却以任何人都没看见菲迪亚斯的工作过程为由拒绝支付薪酬。菲迪亚斯反驳说："你错了，上帝看见了！上帝在把这项工作委派给我的时候，他就一直在旁边注视着我的灵魂！他知道我是如何一点一滴地完成这座雕像的。"

每个人心中都有一个上帝，菲迪亚斯相信自己的努力上帝看见了，同时他坚信自己的雕像是一件完美的作品。事实证明了菲迪亚斯的伟大，这座雕像在 2400 年后的今天，仍然伫立在神殿的屋顶上，成为受人敬仰的艺术杰作。

雕刻雕像是神赋予菲迪亚斯的伟大使命，他不仅出色地完成了这个使命，而且还把使命的意义向人们传达出来。"使命"这个词来自拉丁语，它的意思是呼唤。它触及了工作的实质——向你发出的呼唤，表达了你是谁，你想对世界说什么。

在斯特拉特福子爵为一场战争举办的晚宴上，人们做了一个游戏，军官们被要求在各自的纸片上秘密地写下一个人的名字，这个人要与那场战争有关，并且要他认为此人是这场战争中最有可能流芳百世的人。结果每一张纸上都写着同一个名字："南丁格尔。"带来光明的天使——南丁格尔，她是那场战争中赢得最高声誉的妇女。下面是一段关于南丁格尔的故事：

她带着护士小分队来到了这里，在几个小时内，成百上千的伤员从巴拉克战役中被运了回来，而南丁格尔的任务就是要在这个痛苦嘈杂的环境中把事情弄得井井有条。不一会儿，又有更多的伤员从印克曼战场中被运了回来。什么事情也没有准备好，一切都需要从头安排。而当各种事务都在有序地进行着时，她自己就又会去处理其他更危险、更严重的事情。在她负责的第一个星期，有时她要连续站立20多个小时来分派任务。

"南丁格尔的感觉系统非常敏锐。"一位和她一起工作过的外科医生说，"我曾经和她一起做过很多非常重大的手术，她可以在做事的过程中把事情做到非常准确的程度……特别是救护一个垂死的重伤员，我们常常可以看见她穿着制服出现在那个伤员面前，俯下身子凝视着他，用尽她全部的力量，使用各种方法来减轻他的疼痛。"

一个士兵说："她和一个又一个的伤员说话，向更多的伤员点头微笑，我们每个人都可以看着她落在地面上的那亲切的影子，然后满意地将自己的脑袋放回到枕头上安睡。"另外一个士兵说："在她到来之前，那里总是乱糟糟的，但在她来过之后，那儿圣洁得如同一座教堂。"

南丁格尔被誉为"护理学之母"，她创立了真正意义上的现代护理学，使护理工作成为妇女的一种受尊敬的正式社会职业。她的故事告诉我们，一个人来到世上并不是为了享受，而是为了完成自己的使命，正是在对她所热爱的护理工作的强烈使命感的驱使下，在短短 3 个月的时间内，她使伤员的死亡率从 42% 迅速下降到 2%，创造了当时的奇迹。

责任就是做好你被赋予的任何有意义的事情。

第四条　无条件执行

将服从训练成习惯

威灵顿公爵是拿破仑战争时期的英军将领，曾任英国第25、第27任首相，因治军严格被称为"铁公爵"。他曾说："服从命令是一个军人的天职，这是我们的责任，并不是侮辱。军人必须把服从训练成本能，训练成习惯。"

"一切行动听指挥"是军人的一种本能，每一名军人要学会的第一件事情就是服从。服从就是无条件执行上司的命令。在西点军校的观念中，服从是一种至高无上的道德。对西点人来讲，对权威的服从是百分之百的正确，因为军人就是要执行作战命令，要带领士兵向设有坚固防御之敌进攻，没有服从就没有胜利。

西点退役上校唐尼索恩在他的回忆录里描述过他当年刚进西点时的一个小故事：

1962年，当时我还是一个对未来充满幻想的18岁青年，报到那一天我穿着一件红色 T 恤和短裤，提着一个小皮箱来到西点军校。在体育馆办理完报到手续之后，我就走向校园中央的大操场。

在操场边上我看到了一位身穿制服的学长，他当时的样子只能用完美无瑕来形容：他肩上披着红色的值星带，表明他是新生训练的负责人之一。他远远看到我就说："嘿，穿红衣服的那个，到这边来。"我一面走向他，一面伸出手说："嗨，我叫唐尼索恩。"我面带笑容，期待着他对我亲切地问候。结果出乎我的意料，他非常严厉地对我说："菜鸟，你以为这里有谁会管你叫什么名字吗？"你可以想象得到，我当场被他驳得哑口无言。紧接着他命令我把皮箱丢在地上，单是这个动作就折腾了我半天。我弯下腰把皮箱放在地上。他说："菜鸟，我是叫你把皮箱丢下。"这一次，我弯下身，在皮箱离地面 5 厘米左右松手让它掉下去，他却还是不满意。我一再地重复这个动作，直到最后一动不动地只把手指松开让皮箱自己掉下去，他才终于满意。

这种"斯巴达式"的训练方式是西点军校的一大特色，它使学员们的身体疲惫不堪，而这正是训练学员们服从权威的有效手段。西点强调服从，训练学员们通过服从统一意志，统一行动，进而达成既定的目标。在西点为了培养服从意识，每个学员都被要求切记避免"对总统、国会或自己的直接上司作任何贬低的评论"。西点教诲学员："不要传递那种不受上司欢迎的文件和报告，更不要发表使上司讨厌的讲话。"如果摸不准自己的报告或发表的讲话是否符合上司口味，可以事先征求一下上司的意见。西点军校还教育学员养成"公务员的性格"，坚信当权者是完美无缺的人，是有识之士，对当权者不要有任何怀疑。这一做人原则是西点的传统道德。

一位知名的西点教官对服从作了非常生动的描述："上司的命令，好似大炮发射出的炮弹，在命令面前你无理可言，必须绝对服从。"西点经常教育学员："我们不过是枪里的一颗子弹，枪就是美国整个社会，枪的扳机由总统和国会来扣动，是他们发射我们。他们决定我们打谁，我们就打谁。"尼克松总统非常欣赏黑格将军，就是因为他的服从精神和严守纪律的品格——需要发表意见的时候，坦而言之，尽其所能；当上司决定了什么事情，就坚决服从，努力执行，绝不表现自己的聪明。

巴顿将军在他的《我所知道的战争》这本战争回忆录中曾写到这样一个细节："我要提拔人时常常把所有的候选人排到一起，给他们提一个我想要他们解决的问题。我说：'伙计们，我要在仓库后面挖一条98英尺长、3英尺宽、6英寸深的战壕。'我就告诉他们那么多。我有一个有窗户或有大节孔的仓库。候选人正在检查工具时，我走进仓库，通过窗户或节孔观察他们。我看到伙计们把锹和镐都放到仓库后面的地上。他们休息几分钟后开始议论我为什么要他们挖这么浅的战壕。他们有的说6英寸深还不够当火炮掩体。其他人争论说，这样的战壕太热或太冷。如果伙计们是军官，他们会抱怨他们不该干挖战壕这么普通的体力劳动。最后，有个伙计对别人下命令：'让我们把战壕挖好后离开这里吧。那个老家伙想用战壕干什么都没关系。'"最后，巴顿写到："那个伙计得到了提拔。我必须挑选坚决服从命令，不找任何借口地去完成任务的人。"

巴顿将军不仅要求别人服从他的命令，同时他自己也是以身作则。布雷德利将军就曾经给巴顿写过这样一个评语："他总是乐于并且全力支持上级的计划，而不管他自己对这些计划的看法如何。"巴顿将军之所以被喻为西点军校最杰出的学员之一，被历代西点学员所崇拜，其中最重要的原因之一就是他的这种坚决服从命令的职业军人风范。

服从没有条件

美国劳恩钢铁公司总裁卡尔·劳恩是西点军校第52届毕业生，他曾对服从精神作过这样的描述："军人的第一件事情就是学会服从，整体的巨大力量来源于个体的服从精神。在企业中，我们同样需要这种服从精神，上层的意识通过下属的服从很快会变成一股强大的执行力。"

众所周知，军队素以服从命令、听从指挥闻名。但在西点，凡是遇到军官问话，士兵却只能有3种回答："报告长官：是"、"报告长官：不是"、"报告长官：没有任何借口"。

绝对的服从意味着你要无条件地服从一切命令，为自己的一

西点军校22条军规

切行动负责，不可有任何逃避或对抗的情绪。将军只有让士兵们绝对服从指挥，才有可能塑造出一支纪律严明、执行有力的威武之师。下级在接到命令时，"保证完成任务"是他们唯一的选择；遇到困难时，他们要努力寻找方法；违反纪律时，他们要勇于承担责任；面临挫折时，他们还要挺身而出！

西点军校的莱瑞·杜瑞松上校在第一次赴外地服役的时候，有一天连长派他到营部去，交代给他 7 项任务：要去见一些人，要请示上级一些事，还有些东西要申请，包括地图和醋酸盐。

接到这些任务之后，莱瑞·杜瑞松没说什么，立即出发了。这让连长感到有些意外，因为当时醋酸盐严重缺货，莱瑞·杜瑞松完全可以找个借口推托一下，可是他没有。

顺利地解决其中 6 项任务之后，莱瑞·杜瑞松找到了负责补给的中士，希望他能从仅有的存货中拨出一点醋酸盐，但是中士拒绝了。于是，莱瑞·杜瑞松一直缠着他，滔滔不绝地向中士说明理由。到最后，也不知道是被杜瑞松说服了，相信醋酸盐确实有重要的用途，还是眼看没有其他办法能够摆脱杜瑞松，中士终于给了他一些醋酸盐。就这样，莱瑞·杜瑞松坚决地服从并执行了长官交代的任务，带着完美的结果回去向连长复命了。

服从指挥，具有强大执行力的人必定是优秀的军人，他对待任务的态度就是不折不扣地去执行，不说一句废话，不找任何借口。这种强大的执行力来源于军人心目中"服从没有条件"的训诫，来源于令出必从的严明纪律。因此，西点人在强化士兵们的服从意识时也是先从军队纪律抓起的。

"二战"中，美军在卡塞林山口战役中惨败，第二军军长弗雷登道尔被就地撤职，巴顿临危受命，要求在11天内将美军整顿成为"一支能执行战斗任务的部队"。巴顿是在1943年3月6日正式接管第二军的，而战役的总指挥亚历山大将军把军事进攻的日期定在3月17日，也就是说，他只有11天的时间整顿军队，进行战斗准备。当务之急是使萎靡不振的军队恢复士气，提高战斗力。任务是十分艰巨的。根据自己长期的治军经验，巴顿认为，一支纪律松懈、军容不整的军队是不会有所作为的。因此，他决心从整顿军纪入手，采取"不民主和非美国的方式"，对这群"乌合之众"进行整顿。

他首先从严格作息时间抓起，并以身作则。到任后的第二天早上7点钟，巴顿按作息规定准时到食堂就餐，发现只有他的参谋长加菲来了。他当即命令厨师马上开饭，1小时后停火，并发布命令："从明天起，全体人员准时吃饭，半小时之内完毕。"由于巴顿抓住了吃早饭这一环节，从而杜绝了军人迟到的现象。

接着，巴顿发布了强制性的着装令，规定：凡在战区，每个军人都必须戴钢盔、系领带、打绑腿，后勤人员亦不例外。这项命令还适用于战区的医务人员和兵器修理工。对于违反此命令者规定了罚款数额：军官50美元，士兵30美元。巴顿半开玩笑地说："当你要动一个人腰包的时候，他的反应最快。"

尽管如此，还是有些人不断出现违纪现象。听到这一情况后，巴顿亲自带人四处巡视，把不执行命令的人强制集中起来，进行训斥，话语不免十分粗鲁："各位听着：我绝不会容忍任何一个不执行命令的兔崽子。现在给你们一个选择的机会，要么罚款25美元，要么送交军事法庭，并记入档案，你们自己看着办吧！"这些士兵只好乖乖认罚。

尽管巴顿的这些做法招致许多人的反感和咒骂，但他这种雷厉风行的作风震动了第二军，部队军官一扫过去那种松松垮垮的拖拉作风，精神面貌发生了巨大改观。

巴顿继续以他特有的方式激励他的部队。他跑遍了4个师的每一个营，督促军官，鞭策士兵，顺便还要检查军容风纪的执行情况。他的检查极为彻底，甚至连厕所也不放过，因为上厕所的人最容易忘戴钢盔。他鼓励官兵们要有攻击精神，像狮子一样残酷无情地打击敌人，号召他们"为人类进步事业而冲杀，但不是为之死亡"。虽然官兵们对巴顿这种做法一时还难以理解，但他的"高压电休克疗法"确实给他们留下了深刻的印象，并使他们与过去大不相同。

巴顿将军必须这样残酷无情，因为时间不允许他动半点恻隐之心。只有采取非常规的方式，才能将这群"乌合之众"锤炼成无坚不摧的战争机器。他的目的达到了。他把自己的战斗精神输入了这支部队，以自己的尚武精神激励了全体官兵。虽然有人恨他，但是官兵都很尊重他，并开始效仿他。部队有了铁一样的纪律和秩序，士兵们恢复了自信和勇气。巴顿欣喜地看到，在短短的几天内，第二军的面貌已经焕然一新了，将士们装备精良，士气高涨，军纪严明。他们已被锤炼成了真正的军人，进入了他所说的"战斗竞技状态"。

战斗打响后，德军再度发起强大攻势，但遭到第二军的顽强抵抗，他们寸土不让，表现得十分英勇。最后，德军无功而返。这是美军在北非战场取得的又一次胜利，它以此证明：第二军已经不是十几天前的那群"乌合之众"了。巴顿为他们的杰出表现感到十分骄傲，他自豪地指出："硝烟一散，我们看到没有一个美军士兵放弃阵地一步。"

巴顿能在 11 天内改变一支部队的战斗力，依靠的就是对军队纪律和士兵服从意识的强调与重视。一个士兵如果不遵守纪律，没有服从意识，那么军队的执行力就没有保障。战斗力不是幻想，而是在服从指挥、遵守纪律的前提下实现的。

无条件地服从命令，严格遵守纪律是军人最基本的品格。同样这种品格在日常生活中，在一个人的工作中，在企业的组织运行中也扮演着重要角色。

服从是一种美德

学会服从是一种美德，尤其对于职场中的员工来说，具有服从精神是通往优秀员工之路的必要条件。《论语》里有一句话："其为人也孝悌，而好犯上者，鲜矣；不好犯上而好作乱者，未之有也。"对于关系全局利益的指令的服从，对于规则的遵守，宏观上讲是整个人类社会组成的根本，微观上讲也是生活于组织中的人必须具备的一种品质。

在企业中，能够毫无怨言地接受任务、服从领导并能主动自发地进行工作的一定是优秀员工。卡耐基曾说："有两种员工是根本不会成大器的：一种是除非别人要他做，不然打死也不主动做事的员工；另一种则是即使别人要他做，也做不好事情的员工。"那些不需要别人催促，就会主动自发地去做自己该做的事，并且还是不会半途而废的员工，即使自己是企业内最底层的一名没人注意的普通员工，到最后也是会成功的。因为这种员工懂得要求自己多付出一点点，而且做得比别人预期的更多。

个人进取心，是员工实现自己目标必不可少的要素，它可以使你进步，使你受到注意并会给你带来机会。工作中，服从、诚实、责任、敬业，能够主动自发地去工作都是员工不可缺少的内在品质，体现一个员工的修养，更是扎根在员工内心的宝贵财富。在这些高贵品质的指引下，怀抱一颗感恩的心，始终保持对企业至高无上的荣誉感，全力以赴、自觉主动地去工作。如果能够在没有任何外界的压力、驱动或别人引导的情况下，一个人能够认真自觉地干好分内分外的工作，这就是主动性，这就是一名员工所应有的工作心态。

每一个员工都要明白上司的命令必须服从。但这种服从通常带来的是效率而并不一定是效益，员工可能尽力而不尽心，做到而不一定能够做好。"服从是金"对于企业员工来说好处非常大。如果一个员工不懂得服从，思想上没有服从的观念，那么将会被企业所淘汰。服从是自制的一种形式，每一个员工都应去深刻体会，作为企业的一名员工，即使是很小的一分子也应该具有什么样的意义。

每一个企业都有自己的一套工作系统，每一个人都是这个系统不可分割的一部分，如果不能服从领导，各自为政，最后只能导致无政府主义，目标混乱，一事无成。每个员工都要有高度的荣誉感和使命感，具有道德感并且遵从自己的良知，有勇气坚持自己的信念，自觉自愿地服从于领导，为自己的目标坚持不懈，勇于承担责任。服从领导时一定要顾全大局，真正做到"公司兴则我兴，公司亡我的责任"，与公司共命运。只有这样你的事业才会获得很大的成功。

狼是群居的动物，通常七八只为一群，采取集体狩猎的方式来猎食。这多少弥补了它们力量和速度方面的不足。每群狼由一只健壮的成年公狼率领，捕食大多由母狼完成。在集体行动当中，每只狼在族群里的地位都不相同。动物学家习惯将狼群之中

西点军校22条军规

的领袖称为"阿尔发狼"，族群中包括食物的分配、纷争的平息，乃至后代繁殖的责任，都要靠它。其余的狼也都安于在族群之中的地位，并服从"阿尔发狼"的领导，这就是狼的社会。所以，那些所谓的独狼，一般都是为角逐"阿尔发狼"地位或者爱情斗技场上的失败者，带着身心的双重创伤，只好自我放逐：要么在自省中积累力量，要么就是死路一条。因此，独狼展示出来的造型就具有个人英雄主义的特色，很容易获得生活中失意人物的好感。草原上没有一条狼会越出这道界限，向人投降。拒绝服从，拒绝被牵，是作为一条真正的狼的绝对准则，即便是条从未受过狼群教导的小狼也是如此。

在下属和上司的关系中，服从是第一位的，是天经地义的。下属服从上司，是上下级开展工作，保持正常工作关系的前提；是融洽相处的一种默契；也是上司观察和评价自己下属的一个尺度。因此，作为一个合格的员工，必须服从上司的命令。

员工要服从领导，认认真真地做好每一件事。要敢于挑战，难事、棘事面前不低头，不管问题再多、困难再大、矛盾再复杂、任务再艰巨，也要努力克服，尽量不把问题上交，一定要避免和防止推诿扯皮、敷衍推卸的不负责任的言行。

第五条　严守纪律

制度才是根本

西点校友著名工程技术专家乔治·W. 戈瑟尔斯说过："在好规则面前，懂得捍卫和遵守，生活中才会享受更多的明媚阳光。"对于一个组织来说合理的制度是根本，组织内的人也必须要有很强的纪律观念，服从于制度，这样一个组织才能真正地良性运行。军队是最典型的依靠严密的制度与严格的纪律运行的高度集中化的组织，西点军校便是其一。从西点毕业的学员都对西点的规章制度印象深刻。他们认为是西点的制度造就了西点，或干脆就认为制度是整个西点体系的核心。规章制度在西点确实举足轻重。

西点军校的第三任校长塞耶被誉为真正的"西点之父"，是他建立了西点的一系列严密的制度，才使得西点逐渐走向辉煌。

塞耶担任校长后进行了一系列的改革，使得西点的规章制度日益完善，规范中透着威严，而且条条框框无所不达，举手投足均有明确的规定，整个军校就在制度中有条不紊地发展。

塞耶首先明确了办学方针和原则，制定了以土木工程技术为主的四年制教育计划，建立了完整的教学体制，首创将学员分为十几人一班的小班教学法，并根据学习成绩评定学员的名次。这样既有利于教官因材施教，也能激发学员奋发上进。他还制定了严格的考试和考核制度。新入学的候补生要进行基本智力考试，具备熟练的读、写、算能力，合格者才能被编入学员团。他还创建了著名的"荣誉制度"，强调学员纪律养成主要靠自我约束，并建立了严格的过失惩罚制度。此外，他扩建了图书馆，吸引和保留了一批十分优秀的教员。

塞耶的整顿和改革是全面的、成功的，其影响也是深远的。从下面这个案例中我们就可窥一知百。当时的西点，有相当一部分学员来自地位显赫的名门望族。1818年，塞耶写信给托马斯·平尼克将军，因为他的儿子没有按时返校，西点决定令其退学。平尼克将军解释说，由于天气不好，是他把儿子留下的，而且老校长威斯夫特也答应作为例外处理。但塞耶明白，迎合权势绝对办不好军校，谁的面子也不能给，所以他开除了小平尼克。

按照西点新的标准，塞耶对学员团进行了大胆的清理、整肃。当时有学员213人，经严格审查，103人被开除或勒令退学。他们当中多数人是因为学习不及格而退学，少数则因为行为不轨而被强迫离校。这种大胆的举动招来许多非议。尽管辱骂声四起，但塞耶仍不为所动。他在给陆军部长的报告中详细介绍了被退学或开除学员的情况，认为这不是对"军校和国家公共社会"

的浪费，而是一种必要的行为。

1829 年从纽约入学的学员诺里斯多次不服从西点军校的命令。他的家庭对当时杰克逊竞选总统具有举足轻重的作用，他因此成了特殊的学员。一天晚上吹熄灯号后，诺里斯偷偷跑到教练场，在正中竖起了"山胡桃木"。这里有个典故要补充说明一下：1815 年战争期间，安德鲁·杰克逊率军在新奥尔良大败英军，为美国争得了荣誉，并最终迫使英国人坐下来谈判，签订了合约。杰克逊因此声名鹊起，并被人们戏称为坚硬的"老山胡桃木"。

第二天早上吹起床号后，全校人员大吃一惊，诺里斯对此扬扬自得。塞耶为维护学校的纪律，对他进行了严厉批评。但同时一个小报告也立即到了总统手中，说塞耶打击无辜。总统大发雷霆，宣布诺里斯在西点军校有绝对的行动自由。这显然更加背离了军校的纪律，是塞耶绝对不能容忍的。

塞耶和学员队司令希契科克对西点军校纪律的松弛心急如焚。希契科克决定找总统反映情况，塞耶批准他前往纽约。于是，出现了如下一幕：

1832 年 11 月 24 日，总统白宫书房。"西尔韦纳斯·塞耶，是个暴君，所有的独裁者没有一个能超过他！"杰克逊总统咆哮道。"总统先生，在这个问题上，您了解的情况是错误的，您不了解实情。"希契科克大声反驳。"不，他是独裁者！"杰克逊气得脸色发白。

但后来，杰克逊总统还是派人调查了西点军校，了解其规章

西点军校22条军规

制度的内容及执行情况。结果，调查者报告说，西点军校的规章制度很好，没有改变的必要，而诺里斯也很快被开除了。

西点纪律的严格人所共知，而且花样甚多，令人敬而远之。轻微的违纪只作记录，不付诸具体处罚措施，但累积到一定程度便要处罚。对高年级学员来说，一个月中如被记过9次，就意味着失去享受周末的权利；如被记过超过每月的最高限额——13次，则每超过一次就将受罚，一般至少要扛着步枪不停地走在空地上走一个小时。处罚的手段还有禁闭，并分为"普通禁闭"和"特别禁闭"两种。正如小心谨慎的学员们必须遵守的规章制度是没完没了的一样，发布上述处分的特别命令也是没完没了的。警钟长鸣，红灯频闪，每个学员都在紧张的气氛中完成学业。

西点的做法看似苛刻，不近人情，但西点是"金字招牌"，容不得一点污渍。每个西点人都必须以发扬光大西点为己任，如果在校学习期间不能牢固这种观念，以后就会缺乏坚定的理性基础，就很难成为对部属，对军队，乃至对国家负责的军人。完整的制度、严明的纪律，成就了西点军校，也为培养众多杰出的人才提供了保障。

2004年，一家商厦发生特大火灾，造成54人死亡、70人受伤，直接经济损失400余万元。然而，这么一起严重的事故，竟然是因为一个小小的烟头：一位员工到仓库内放包装箱时，不慎将吸剩下的烟头掉落在地上，随意踩了两脚，在没有确认烟头是否被踩灭的情况下匆匆离开了仓库。烟头将仓库内的物品引燃。

恰恰这时，这家商厦保卫科工作人员违反单位规章制度，擅自离开值班室，未在消防监控室监控，没能及时发现起火并报警，从而延误了抢险时机。

在我们的生活中，很多像上述故事中乱扔烟头的员工及保卫科工作人员一样，觉得偶尔违反一下制度不是什么大不了的事。但恰恰是这些漫不经心、目无制度的行为给企业和社会埋下了安全的隐患，像一颗不定时炸弹一样，随时可能爆炸，害人害己！对此，所有的人都应该有高度的警醒。

纪律就是圣旨

纪律至高无上。世界上没有任何事情是绝对的，自由也是。没有纪律的约束，自由就会泛滥成为堕落。一个组织的运转必须要有严格的纪律作为保障，否则人人各自为政，成为一盘散沙，最后只能导致组织的瓦解。我们不要把纪律视为洪水猛兽，它并不那么恐怖。英国克莱尔公司在新员工培训中，总是先介绍本公司的纪律。首席培训师总是这样说："纪律就是高压线，它高高地悬在那里，只要你稍微注意一下，或者不是故意去碰它的话，你就是一个遵守纪律的人。"

"工欲善其事，必先利其器"，一个组织只有先构建有纪律的、团结有力的、无坚不摧的团队，才能保证任务的最终完成。团队中每个成员必须有无比坚强的信念，用严明的纪律来约束自己。

西点军校向来以制度完善、纪律严明著称，每一位新学员进入西点第一个需要明确的校规就是严格遵守纪律、坚决服从上级的命令。西点人认为自觉自律是意志成熟的标志。

西点一位毕业生讲述了在西点军校的亲历亲闻：西点军校制定了严格的规章制度。从学员的选拔、录取、淘汰到学员的日常生活、行为准则、服装与仪表、营房与宿舍、人身与财产安全、假期、教学程序、待遇与特殊待遇等都作了详尽明确的规定。这些规章制度像是高悬的达摩克利斯之剑，准备随时刺向违规者，对于学员的行为有着很强的约束力。

"我们要做的是让纪律看守西点，而不是教官时刻监视学员。"这是西点人的宣言。西点军校认为：纪律使士兵成为自由国度战争时可以信赖的对象，一支有纪律的队伍才是最优秀的。

巴顿将军认为："纪律是保持部队战斗力的重要因素，也是士兵们发挥最大潜力的关键。所以，纪律应该是根深蒂固的，它甚至比战斗的激烈程度和死亡的可怕性质还要强烈。"他要求部队必须有铁一般的纪律，不能有一丝含糊，他认为遵守纪律是一个军人的基本素质。

纪律应该是人们心中的一种自觉的道德认识，而不仅仅是出于对惩罚的恐惧的无奈选择。对于一个纪律严明的团队来说，从最开始成员出于不受惩罚而遵守纪律，到把纪律变成个人目标，把原本强制的行为变成一种自然的行为，这时，纪律就成为了一种风气，这个团队的精神面貌也会变得昂扬向上。

美国著名的培训专家拿破仑·希尔曾讲述过这样一个真实的故事：华盛顿一家百货公司专门开设了一个柜台受理顾客的投诉，很多女士排着长队，争着向柜台后的那位小姐诉说自己受到的不公平待遇以及对公司服务的诸多不满。其中很多顾客说话粗暴、蛮横无理。但柜台后的这位小姐一直微笑着接待这些愤怒的顾客。她优雅而又从容，微笑着告诉这些顾客应该找公司的哪个部门去解决问题。她的亲切和随和，很好地安抚了那些妇女的不满情绪。通过观察，我发现她的身后站着另外一个女郎，不断地在纸条上写着什么，然后把写好的纸条递给她。原来纸条上写的就是这些妇女抱怨的内容，但是，省略了她们尖酸刻薄的言语。

后来我才知道，这位一直微笑着的小姐是个聋子，后面的人是她的助手。出于好奇，我去拜访了百货公司的经理。经理说，这个接待顾客投诉的岗位曾经有很多人尝试过，即使他告诉过她们应该怎么做，但一直没有人能够胜任。只有这个耳聋的员工才有足够的"自制力"来出色地完成这个艰巨的任务。

把外在的纪律条文内化成为内心的道德，成为一种自觉自为的行为，这才是真正树立起了纪律观念，具备严守纪律的精神。纪律的最终目的是让人们即便是不在别人的监视和控制之下，也能懂得什么是正确的。

西点认为，年轻人血气方刚，很容易意气用事，结果毁掉了自己的前程，而通过纪律锻炼可以迫使一个人学会在艰苦的环境下怎样工作和生活。我们应该认识到纪律不是枷锁，严谨的态度和优良的作风来源于对纪律的严格遵守。一个不遵守纪律的人，一定是一个没有自制力的人，而自制力的缺乏正是导致失败的罪魁祸首。纪律的终极目的就是达到这种自制力。在任何情况下，要能稳住自己，就必须使你身上的情绪和自制力达到平稳。长期在纪律的严格要求下行事，你才会具有自制精神。而这种自制精神，是做任何事情都不能缺少的。

遵守纪律同时也是一种责任精神的体现。

在海上，船队的纪律是极其严明的，有时甚至是残酷的。正是由于这种严明的纪律，才造就了一支又一支优良的船队，成为船队战无不胜的强有力保证。自觉遵守纪律是船队上所有成员的优良品质。自觉遵守纪律之所以这样重要，是因为这是一个优秀士兵所必须具备的素质，也是他们本身所具有的执行能力的保证。在他们心里，纪律是至高无上的。

一个人是能够并愿意做出多种选择的，比如奋斗胜于安逸，真理胜于错误，勤奋胜于荒废。这每一项都要求一个人认真考虑和选择，在自觉自愿的情况下懂得什么才是正确的，什么才是团队所希望的。简而言之，这就叫作遵守纪律。

遵守纪律关键不仅是要有责任心和自制力，更重要的是能够认同组织的价值观，并且践行组织的目标，也就是说要对组织有了解。只有在共同价值观的引导下，纪律才不会引起心中的怨恨。为了共同的目标而遵守纪律，组织成员间的关系将会更加融洽。请记住塞尼加的话："只有服从纪律的人，才能执行纪律。"

第六条　勇者无敌

世界从来都给无畏的人让路

西点军校有一句名言："合理的要求是训练，不合理的要求是磨炼。"无论是怎么严苛的训练，在西点人眼里都是"勇敢者的游戏"，只有凭借勇气才能克服这些考验。

在培养勇气方面，西点有它独特的方法。教官知道学员有一种理性克服恐惧的方法，他会故意加重学员的焦虑。没有恐惧，勇气是培养不出来的。如果你不能忍受而选择逃避或是放弃，你就是一个逃兵，一个胆小鬼，你必须选择离开。因为西点需要勇者和荣誉，不需要逃兵，世界从来都只给无畏的人让路。

地位、声望、财富、鲜花……这些美好的东西都是给富于勇气的人准备的。一个被恐惧控制的人是无法成功的，因为他不敢尝试新事物，不敢争取自己渴望的东西，自然也就与成功无缘。胆怯、逃避是毫无用处的，只有直面恐惧，才能战胜恐惧。

恐惧有时候就像是一道虚掩着的门，实际上你没有必要害怕，那扇门是虚掩着的。很多人都会对"不可能"产生一种恐惧，绝不敢越雷池一步。因为太难，所以畏难；因为畏难，所以根本不敢尝试，不但自己不敢去尝试，认为别人也做不到。事实上并非如此。

1965年，一位韩国学生到剑桥大学主修心理学。他经常有意识地到学校的咖啡厅或茶座听一些成功人士聊天。这些成功人士包括诺贝尔奖获得者、学术权威人士和一些创造了经济神话的人，这些人幽默风趣，举重若轻，把自己的成功都看得非常自然和顺理成章。时间长，他慢慢发现自己被本国内的那些成功人士给欺骗了。那些人为了让正在追求成功的人知难而退，普遍把失败给夸大，把成功的艰辛给夸大，他们故意用自己的成功的经历吓唬那些还没有成功的人。而这种现象虽然在东方甚至在世界各地都是普遍存在的，实际上这种现象在此前并没有人大胆地提出来并加以研究。

于是，经过5年的研究分析，他把《成功并不像你想象的那么难》作为毕业论文，这篇论文交到了现代经济心理学的创始人威尔·布雷登教授手里之后，让这位教授大为惊喜，教授把这篇论文发给他的剑桥校友——当时正坐在韩国政坛第一把交椅上的人——朴正熙，并在信中说："我不敢说这部著作对你有多大的帮助，但我敢肯定它比你的任何一个政令都能产生震动。"

在追求成功的道路中，内心的恐惧就会对你说："你绝对办不到。"消除恐惧的办法只有一个，那就是往前冲。假如对某个事物心怀恐惧，更应强迫自己去面对它，以后碰上更难的问题时，你就不会再那么恐惧了。

罗马曾是欧洲最强大的城邦。罗马人征服了地中海北岸的所有国家和南岸的大部分国家，他们同时还占有海中的岛屿和现在属于土耳其的亚细亚部分。那时恺撒已成为罗马的英雄。他率领大军进入高卢，即现在包括法国、比利时和瑞士的欧洲地区，把高卢变成罗马的一个省。他穿过莱茵河，征服了德国的一部分。恺撒的军队甚至还到达了被罗马人视为蛮荒之地的不列颠，并在那里建立起殖民地。

恺撒和他的军队一直对罗马尽忠尽责。但在罗马他有许多敌人，他们害怕他的雄心壮志，忌妒他的丰功伟绩，每当他们听到有人称赞恺撒为英雄，便会气得浑身发抖。

这些人中就包括庞培，他是罗马最富权势的人。像恺撒一样，他也是一个军队的指挥官，但他的军队并没有赢得人们太多的赞誉。庞培知道，如果不采取行动加以制止，恺撒迟早会成为罗马的主人。于是他开始谋划陷害恺撒的计划。再过一年，恺撒在高卢的任期就要结束。大家都认为，届时他将返回意大利并被选为罗马共和国的执政官。那他就会成为罗马最有权力的人。

庞培和恺撒的其他敌人决定阻止这件事。他们说服罗马的元老院发出命令，让恺撒离开高卢的军队立即返回罗马。"如果你不服从这个命令，"元老院称，"就将被视为共和国的敌人。"

恺撒知道那是什么意思。如果他单独返回罗马，敌人就会陷害他。他们会以叛国的罪名审判他，不让他当选执政官。他把效忠自己的士兵们召集起来，把有人试图谋害他的阴谋告诉了他们。那些跟随他经历无数风险、帮助他取得无数胜利的老兵们都宣称不会离开他。他们要同他一起前往罗马，看着他得到应得的奖赏。他们不要军饷，甚至还分担起长途行军的费用。恺撒的军队扬起军旗向意大利进发，士兵们甚至比恺撒更加斗志昂扬。他们为了自己的领袖长途跋涉，不畏艰险。

最后他们来到一条叫作卢比孔的小河。它是高卢省的边界，对岸就是意大利。恺撒在岸边停了一下。他知道越过这条河就等于对庞培和元老院宣战，那将使整个罗马陷入纷争，其结果是无法预料的。"我们还能够回去，"他对自己说道，"我们身后是安全的，一旦越过卢比孔河，我们就不能再回去。我必须在这里作出决定。"

他没有迟疑太久。他发出命令，勇敢地纵马穿过这条浅浅的小河。"我们越过了卢比孔河，"当他到达对岸时大声喊道，"就不会再回头！"

这消息一直传到了罗马：恺撒越过了卢比孔河。一路上，每个城镇和村庄的人们都出来欢迎归来的英雄。离罗马越近，他受到的欢迎就越热烈。最终恺撒和他的军队到达了罗马城门，没有军队出来迎战，恺撒没有遇到丝毫抵抗就开进了罗马城。庞培和他的同伙早已逃走了。

勇敢造就了恺撒，也造就了罗马的辉煌。我们的每一点进步都需要勇气做先导，勇敢，也必将造就未来的你！

勇气对于职场中的每一个人都很重要。其实，在职场和生活当中并不缺少成功的机会，只缺乏不怕挑战，勇于亮剑的员工。在职场中，只有勇敢地亮出你自己，用自己的意志和智慧面对工作中的一切困难和阻碍，你才能一次次战胜怯懦，走向成功。

别被自己吓倒，让自己征服自己

巴顿将军说过："训练时多流一加仑汗，战场上少流一加仑血。"恐惧能摧残一个人的意志和生命，它能打破人的希望、消退人的意志，而使人的心力"衰弱"以至不能创造或从事任何事业。许多人似乎对一切都怀着恐惧之心：他们怕风，怕受寒；他们吃东西时怕有毒，经营商业时怕赔钱；他们怕人言，怕舆论；他们怕困苦的时候到来，怕贫穷，怕失败，怕收获不佳，怕雷电，怕暴风……他们的生命，充满了怕，怕，怕！恐惧能摧残人的创造精神，足以灭杀个性而使人的精神机能趋于衰弱。一旦心怀恐惧、不祥的预感，则做什么事都不可能有效率。恐惧代表着、指示着人的无能与胆怯。这个恶魔，从古到今，都是人类最可怕的敌人，是人类文明事业的破坏者。

"马拉松人"约翰·布伦迪战胜了绝望，这是众所周知的事实。

1973 年 6 月 6 日那天，约翰照常做 20 分钟的晨跑运动，然而他没想到的是，这次晨跑成了他一生中的最后一次跑步。

那天早晨跑完以后，约翰照旧到工地去，他和另外3人一同在屋顶上工作。天气非常炎热，工作也很艰苦，这时监工叫约翰拿一样工具给他，约翰便移动双脚，不料房顶水泥尚未凝固，就这样，他从上面掉下去了。

约翰失去了控制，他头朝下坠入空中。约翰事后回忆说："那时候我听到很多杂音和脊骨折碎的声音……现在想起来真是害怕，我整个身体一直往下掉，整个人就像饼干一样，那一瞬间我发现脚一点知觉也没有。以后的数秒之中恐怖、愤怒、绝望一一向我袭来，我很想站起来，可是心有余而力不足，能听从脑部指挥的只有头部，其他部位已完全没有知觉。我好像听到有人在上面说：'唉哟！约翰掉下去了。'我心里不断期望，也不断诅咒。我把头转向左边，看到10公分远的地方有穿着鞋子的双脚，脚尖就在眼前，好像是我的脚，可是怎么会在这里呢？那一刻，我绝望了。醒来时，我发现头部两侧的针头已经取出来，原来我已经在医院里。当时我想，只要安静下来，痛苦会逐渐减轻。令我惊讶的是，我全身竟像木乃伊一样，被白布包裹起来，而我一点知觉也没有。"

经过几个星期之后，约翰的伤势已被认定终生无法痊愈，可是他并未因此而绝望，而且依旧充满希望，盼望奇迹出现，使他的脊椎再度恢复健康，因此他专心致志地接受治疗。约翰急切地想知道自己的病情，唯一的方法只有向护士打听，有一天他听到护士指着他房间的方向对助手说："四肢麻痹就是像他那个样子。"

约翰从来没有见过四肢麻痹的人，他甚至没有想过四肢会同时麻痹，更未曾想到自己竟变成这个样子。

简单的一句话揭开了真相。原来他是一个年轻又健康的丈夫和父亲，可是现在他头部以下全部麻痹，完全形同废人。虽然如此，约翰仍然决定活下去，虽然痛苦不曾减轻，可是他活得比谁都坚强。约翰说："我之所以决心生存下来，是因为有3个老师作为我人生的指针，这3个老师是愿望、献身、意志。我想活下去，想治好病，想知道自己究竟可以做什么事，我有这些愿望，这3个老师经常在心中，我为此而奋斗，并相信有一天我可以得到胜利，所以我永不绝望。"

如今约翰坐在轮椅上已经11年了，从人生的观点上来看，他实在太伟大了。他的心中没有埋怨，没有苦恼，也没有憎恨。他认为如果相信宿命或憎恨别人，对自己并没有好处；相反地，应该爱护他人，自己的身体虽然受到伤害，但是自己的心理却很正常。事实上，约翰证明了一件事，那就是即使你身处厄运与绝望之中，你仍然能够成功，仍然可以掌握自己的命运。

约翰一直这样告诉自己，厄运与绝望是不可避免的。他又这么想，厄运是自己一生的转折点，命运的不公不能让自己失去生存的勇气，失去生命的希望。自己应该下定决心努力。这种想法是既健康又正确的，所以约翰总是这么勉励自己。其实他认为自己并不是受害者，自己只是很自然地接受这个安排而已。当约翰骑电动轮椅进入超级市场或通过马路时，轮椅不断发出声音，引起许多孩子们的注意，他们有的在笑，有的一脸迷惑，也有的说："蛮不错嘛！"像是很羡慕的样子。遇到这种情形，约翰会做各种鬼脸逗孩子们发笑，但是他并不是整天和小孩玩，他还经营公司，为附近社区做介绍婴儿保姆的工作。另外，他还在一家教会里，做"新希望电话商谈中心"之类的服务，他对人生充满新希望，非常愿意帮助那些绝望的人寻找希望。

约翰胜利了，因为他能生存下去。他曾说过："艰苦的日子总有结束的时候。心中充满希望并能继续为生活而努力的人，才能享有新生命。"他不但明白这个道理，而且也是努力把厄运与绝望视为命运重新开始、希望重新孕育的人。要想战胜绝望，你必须寻找并抓住希望，哪怕是百分之一的希望。

一个饱经风霜的老人讲过这样一个故事：

"战时在桂林，等车非常困难。有一天，在马路上看到一张海报，说有一部车子开入昆明，还有3个空位。贴海报的日子已经过了好几天了，哪里还有什么希望。谁知，正是人人看了都以为没有希望的这3个位子，居然还有两个空着，我和一位女同学两个抱着何妨一试的心理去碰碰运气。而且，由于这次长途旅行，那位女同学变成了我的妻子。希望就是希望，无所谓百分之一、千分之一。"

在成功者的词汇里，从来就没有给困难与恐惧、挫折、失败、绝望以地位。如果你拥有无坚不摧、无往不利的意志力，那么困难与逆境可以成为强项，挫折可以化作动力，而失败也可以转化为成功，绝望之中也会孕育着希望。同样地，如果你能将这五重难关一一渡过，你将真正拥有一颗强大的内心，你就不会自己把自己吓倒，到了那个时候，成功离你就不远了。

第七条　冒险是成功的前提

步出行列，成功的就是你

西点人认为标新立异的人不害怕犯错，更不会因一时的错误就谴责自己。因为他们知道，害怕犯错实际上是一个最大的错误，它制造了恐惧、疑惑和自卑，这可能导致一个更大的错误。

有一次，但维尔地区经济萧条，不少工厂和商店纷纷倒闭，被迫贱价抛售自己堆积如山的存货，价钱低到 1 美元可以买到 100 双袜子。那时，约翰·甘布士还是一家织制厂的小技师。他马上把自己积蓄的钱用于收购低价货物，人们见到他这股傻劲，都公然嘲笑他是个蠢材！约翰·甘布士对别人的嘲笑漠然置之，依旧收购各工厂和商店抛售的货物，并租了很大的货仓来贮货。他妻子劝他说，不要把这些别人廉价抛售的东西购入，因为他们历年积蓄下来的钱数量有限，而且是准备用做子女教养费的。如果此举血本无归，那么后果便不堪设想。

对于妻子忧心忡忡的劝告，甘布士笑过后又安慰她道："3 个月以后，我们就可以靠这些廉价货物发大财了。"甘布士的话似乎兑现不了。过了10多天后，那些工厂即使贱价抛售也找不到买主了，便把所有存货用车运走烧掉，以此稳定市场上的物价。他太太看到别人已经在焚烧货物，不由得焦急万分，抱怨起甘布士。对于妻子的抱怨，甘布士一言不发。终于，美国政府采取了紧急行动，稳定了但维尔地区的物价，并且大力支持那里的厂商复业。这时，但维尔地区因焚烧的货物过多，存货欠缺，物价一天天飞涨。约翰·甘布士马上把自己库存的大量货物抛售出去，一来赚了一大笔钱，二来使市场物价得以稳定，不致暴涨不断。

在他决定抛售货物时，他妻子又劝告他暂时不忙把货物出售，因为物价还在一天一天飞涨。他平静地说："是抛售的时候了，再拖延一段时间，就会后悔莫及。"果然，甘布士的存货刚刚售完，物价便又跌了下来。他的妻子对他的远见钦佩不已。后来，甘布士用这笔赚来的钱，开设了5家百货商店，业务也十分发达。如今，甘布士已是全美举足轻重的商业巨子了。

在这里应当说，冒险精神不是探险行动，但探险家的行动必须拥有足够的冒险精神。所以，郑和下西洋，张骞出使西域，哥伦布发现新大陆，麦哲伦环球航行，都具备人类最伟大的冒险精神。没有这一点，成功就与他们无缘。然而，划时代的探险行为不是时时发生，也不是每一个冒险家都会碰到的机遇。正因为这样，日常生活、科学实验、军事行动及工商活动等所要的冒险精神就更有普遍意义，更值得人们思考、体验。

美国大亨哈默18岁时接管父亲的制药厂，22岁就成为环球瞩目的大亨，其成功的奥秘之一就是具有足够的冒险精神。像他和苏联做生意，当时苏联刚打完仗，接着年成不好，闹饥荒。哈默听说列宁实行新经济政策，鼓励外商投资。可当时西方世界对这个红色国家充满着魔鬼般的恐惧，没人敢问津，但哈默却跃跃欲试。他先和列宁做粮食生意，双方合作愉快，各取所需，哈默赚了一笔。后来他又果敢地在苏联投资办企业。哈默一生的商业成就为人称赞，而他在苏联的冒险成功尤其值得称道。

标新立异的人敢作敢为、胆敢冒险，相信自己能展翅飞翔，然而却从不莽撞蛮干。粗枝大叶、闭眼蛮干，只求前进而不管实际，那不是敢作敢为，那是莽撞蛮干。标新立异的人知道，在人的一生中，在某些时候必须采取重大和勇敢的行动，然而他们要在仔细考虑这次冒险以及成功的可能之后再采取行动。

在我们前进的道路上，有无数大大小小的事等着我们去决定。当我们再一次作出重大决定时，大概又会犯另一次重大错误。也许是因为过去犯了严重的错误，大部分的人只会往后看，站在那儿惋惜不已。"如果我知道得更多或如果我有更多的时间决定，那么每件事就会有很不一样的结果。"

没有办法可以知道每件事，但是有办法可以在我们决定前多知道一些，也有办法可以给我们多点时间思考。许多人都害怕作决定，因为每个决定对这些人而言，都是未知的冒险。而且最令人困惑的是，不知道这个决定是否影响重大。因为不知道这一点，他们毫无头绪地浪费力气，担忧无数的问题，最后什么都没处理好。作决定就像在我们不知道内心真的想要何物时而随手丢铜板一样。焦虑感会逼迫、强制我们就目前所为的事实行动。但很不幸的是，留给我们决定或选择的时间太短了。瞬间的决定通常最软弱，因为它们只是目前有用的事实。结果总是不好，因为迫使我们作出这样的决定的力量，经常会扭曲了事实、混淆了真相。当所有的决定都取决于现在时，事实上最好的决定是老早以前就决定的那一个。

冒险是成功的前提

西点著名学子美国杜邦公司创始人亨利·杜邦说过："危险是什么？危险就是让弱者逃跑的噩梦，危险也是让勇者前进的号角。对于军人来说，冒险是一种最大的美德。"没有冒险者，就没有成功者。冒险是一切成功的前提。冒险越大，成功越大。

每个人都面临着冒险的可能，除非我们永远扎根在一个点上原地不动。然而，当冒险的结果不太令人满意的时候，人们常常会说："还是躺在床上保险。"其实，任何地方的旅行都潜藏着冒险的情况，小到丢失自己的行李，大到作为人质，被劫持到世界的某个遥远角落。有很多人似乎都习惯于"躺在床上"过一辈子，因为他们从来不愿去冒险，不管是在生活中，还是在事业上。但是，当你横穿马路时，当你在海里游泳时，当你乘坐飞机时都潜藏着冒险的可能。

"天下没有免费的午餐。"同样，机遇也是与风险并行的。大凡成大事者，无不慧眼辨机，他们在机遇中看到风险，更在风险中抓住机遇。

美国金融大亨摩根就是一个善于在风险中抓住机会的人。摩根诞生于美国康乃狄格州哈特福的一个富商家庭。摩根家族1600年前后从英格兰迁往美洲大陆。最初，摩根的祖父约瑟夫·摩根开了一家小小的咖啡馆，积累了一定资金后，又开了一家大旅馆，既炒股票，又参与保险业。从发家时起，摩根家族靠的就是这种从风险中投机的能力。一次，纽约发生大火，损失惨重，保险投资者惊慌失措，纷纷要求放弃自己的股份以求不再负担火灾保险费。约瑟夫横下心买下了全部股份，然后，他把投保手续费大大提高。他还清了纽约大火赔偿金，信誉倍增，尽管他增加了投保手续费，投保者还是纷至沓来。这次火灾，反使约瑟夫净赚了15万美金。就是这些钱，奠定了摩根家族的基业。摩根的父亲吉诺斯·S.摩根则以开菜店起家，后来他与银行家皮鲍狄合伙，专门经营债券和股票生意。

生活在传统的商人家族，经受着特殊的家庭氛围与商业熏陶，摩根年轻时便敢想敢做，颇富商业冒险和投机精神。

1857年，摩根从德国哥廷根大学毕业，进入邓肯商行工作。一次，他去古巴哈瓦那为商行采购鱼虾等海鲜，回来时途经新奥尔良码头，他下船在码头一带兜风，突然有一位陌生白人从后面拍了拍他的肩膀："先生，想买咖啡吗？我可以出半价。""半价？什么咖啡？"摩根疑惑地盯着陌生人。

陌生人马上自我介绍说："我是一艘巴西货船船长，为一位美国商人运来一船咖啡，可是货到了，那位美国商人却破产了。这船咖啡只好在此抛售……先生！您如果买下，等于是帮我一个大忙，我情愿半价出售。但有一条，必须现金交易。先生，我是看您像个生意人，才找您谈的。"

摩根跟着巴西船长一道看了看咖啡，成色还不错，而且价钱如此便宜，摩根便毫不犹豫地决定以邓肯商行的名义买下这船咖啡。然后，他兴致勃勃地给邓肯发出电报，可邓肯的回电是："不准擅用公司名义！立即撤销交易！"摩根勃然大怒，不过他又觉得自己太冒失了，邓肯商行毕竟不是他摩根家的。自此摩根便产生了一种强烈的愿望，那就是开自己的公司，做自己想做的生意。摩根无奈之下，只好求助于在伦敦的父亲。吉诺斯回电同意他用自己伦敦公司的户头偿还挪用邓肯商行的欠款。摩根大为振奋，索性放手大干一番，在巴西船长的引荐之下，他又买下了其他船上的咖啡。

摩根初出茅庐，做下如此一桩大买卖，不能说不是冒险。但上帝偏偏对他情有独钟，就在他买下这批咖啡不久，巴西便出现了严寒天气，一下子使咖啡大为减产。这样，咖啡价格暴涨，摩根便顺风迎时地大赚了一笔。从咖啡交易中，吉诺斯认识到自己

西点军校22条军规

的儿子是个人才，便出了大部分资金为儿子办起摩根商行，供他施展经商的才能。摩根商行就设在华尔街纽约证券交易所对面的一幢建筑里。这时已经是1862年，美国的南北战争正打得不可开交。林肯总统颁布了"第一号命令"，实行了全军总动员，并下令陆海军对南方展开全面进攻。

一天，克查姆——一位华尔街投资经纪人的儿子，摩根新结识的朋友，来与摩根闲聊。"我父亲最近在华盛顿打听到，北军伤亡十分惨重！"克查姆神秘地告诉摩根，"如果有人大量买进黄金，汇到伦敦去，肯定能大赚一笔。"对经商极其敏感的摩根立时心动，提出与克查姆合伙做这笔生意。克查姆自然跃跃欲试，他把自己的计划告诉摩根："我们先同皮鲍狄先生打个招呼，通过他的公司和你的商行共同付款的方式，购买四五百万美元的黄金——当然要秘密进行。然后，将买到的黄金一半汇到伦敦，交给皮鲍狄，剩下一半我们留着。一旦皮鲍狄买黄金之事泄露出去，而政府军又战败时，黄金价格肯定会暴涨，到那时，我们就堂而皇之地抛售手中的黄金，肯定会大赚一笔！"

摩根迅速地盘算了这笔生意的风险程度，爽快地答应了克查姆。一切按计划行事，正如他们所料，秘密收购黄金的事因汇兑大宗款项走漏了风声，社会上流传着大亨皮鲍狄购置大笔黄金的消息，"黄金非涨价不可"的舆论四处流行。于是，很快形成了争购黄金的风潮。由于这么一抢购，金价飞涨，摩根一瞅火候已到，迅速抛售了手中所有的黄金，趁混乱之机又狠赚了一笔。

机遇常常有，结伴而来的风险其实并不可怕，就看你有没有勇气去逮住机遇。敢冒风险的人才有最大的机会赢得成功。古往今来，没有任何一个成大事者会不经过风险的考验。因为，不经历风雨，怎能见彩虹？不去冒险，又怎能把握住人生的机遇呢？

第八条 团队精神至高无上

团队的力量让你无往而不胜

在西点的训练中，会尽量模拟学生将来在战场上可能经历的情景，并以此来培养学生们的团队精神和默契感。

对学生而言，没有个人的私心杂念，只有团队的目标。如果一个新生动作比别人快，做得比别人好，但是同组的其他人却比他晚到，那么他不仅不会因为个人的表现获得奖励，相反会因为遗弃队友而受到训斥，甚至受到处罚。

在西点校区旁边的波波洛本湖岸上，西点专门设了一个巴克纳营，里面的设备非常简单，学生要在这里接受6个星期的密集战地演习，训练的目的是让学生充分体会到团队的重要性。西点人认为，团队的利益高于一切，所以他们尽力加强学生的团队精神，让他们了解共享一切的重要性。

在巴克纳营的训练中，最开始时就这么一项障碍课程：让学生自己去体会团队合作的根本障碍，共同想出解决之道。其中一项活动是让学生6人一组，爬上一个10多米的高台，每个人都必须爬上去再爬下来。教官事先并不会告诉学生们如何完成任务，不过学生们看到这个10多米的高台，就立即明白了：无论用什么办法，一定得靠通力合作才能跨过这个障碍。

在这个训练中，每个团队要克服两大障碍。第一个障碍是技术问题：他们要以叠罗汉的方式，把最高的一个人送上去，然后再由他把大家拉上去。第二个是人的问题：他们需要个别人的弱点，比如个子矮或者是身体重的人。还有就是如何统一大家的意见，选出一个理想的解决办法维持团队精神和士气。

这些项目意在训练西点人的团队合作能力，因为一个团队就好比是一个木桶，由很多块木板组成。如果组成木桶的这些木板长短不一，那么这个木桶的最大容量只能取决于最短的那块木板。团队的最大力量往往不取决于某几个超群和突出的人，更取决于它的整体状况，甚至是取决于这个团队是否存在某些突出的薄弱环节。唯有团结合作，才能发挥出团队的最大的力量。团队合作的意义，不仅在于"人多好办事"，它的巨大作用在于团队行动可以达到个人无法独立完成的成就。

通用电气公司有一个名叫唐·琼斯的员工高二的时候，曾是学校篮球队的女篮队员，球打得相当不错，身高也足以成为大学篮球队的首发队员了。她有一个好朋友玛琳，也被选入大学篮球队，当首发队员。

琼斯比较擅长中远距离投球，常在10英尺外投篮，一场球打下来琼斯能投四五个这样的球，这得到了大家的一致赞赏。但是，玛琳非常不喜欢琼斯在球场上成为观众注意的焦点，无论有多好的投篮机会，玛琳都不再将球传给琼斯了。

一天晚上，在一场激烈的比赛之后，由于玛琳在比赛中一直不给琼斯传球，琼斯像以往一样都快气疯了。琼斯的爸爸告诉她，最好的办法就是琼斯一得到球就传给玛琳。琼斯认为这是最愚蠢的一个建议。

很快就要打下一场比赛了，琼斯决心让玛琳在比赛中出丑。她做了周密的策划，并开始着手实施让玛琳丢脸的行动。但是当琼斯第一次拿到球时，她听到爸爸在观众席上不停大叫："把球传给玛琳！"琼斯犹豫了一下，还是把球传给了玛琳。玛琳愣了一下，然后转身投篮，手起球落，2分。琼斯在回防时突然产生了一种从未有过的感觉——为另一个人的成功而由衷地感到高兴。更重要的是，她们的比分领先了。赢球的感觉真好！后来，琼斯继续同玛琳合作，一有机会就将球传给她，除非适于别人投篮或由琼斯直接投篮更好。她们赢得了这场比赛。在以后的比赛中，玛琳开始向琼斯传球，而且也一样一有机会就传给琼斯。她们的配合变得越来越默契，两人之间的友谊也越来越深。那一年，她们赢了大多数的比赛，并且两人也同时成了家乡小镇中的传奇人物。当地报纸甚至还专门写了一篇有关她们两人默契配合的报道。

在团队中，如果没有其他人的协助与合作，任何人都无法取得持久性的成就。当两个或两个以上的人在任何方面都把他们联合起来，建立在和谐与谅解的精神上之后，这一团队中的每一个人将因此倍增他们自己的成就能力。

2004年8月11日，意大利排协技术专家卡尔罗·里西先生在观看中国女排训练后认为，中国队在奥运会上的成败很大程度上取决于赵蕊蕊。但是在奥运会开始后，中国女排的第一次比赛中，中国女排第一主力、身高1.97米的赵蕊蕊因腿伤复发，无法上场参加比赛了。媒体惊呼：中国女排的网上"长城"坍塌。中国女排只好一场场去拼，在小组赛中，中国队输给了古巴队，这时，国人已经对女排夺冠没有多大信心了。

然而，在最终与俄罗斯争夺冠军的决赛中，身高仅1.82米的张越红一记重扣穿越了2.02米的加莫娃的头顶，宣告这场历时2小时零19分钟、出现过50次平局的巅峰对决的结束。经过了漫长的艰辛的20年以后，中国女排再次夺得奥运会金牌。观众们熬夜看完了整场比赛，惊心动魄后是激动的泪水，就像在20年前看到郎平、周晓兰、张蓉芳等老一辈中国女排夺冠时一样激动。

女排夺冠后，中国女排教练陈忠和放声痛哭了两次。男儿泪不轻弹，其中的艰辛，只有陈忠和及女排姑娘们最清楚。

那么，中国女排凭什么战胜了那些世界强队，凭什么反败为胜，最终战胜俄罗斯队？陈忠和赛后说："我们没有绝对的实力去战胜对手，只能靠团队精神，靠拼搏精神去赢得胜利。用两个字来概括队员们能够反败为胜的原因，那就是'忘我'。"

真诚和尊重是合作的前提

西点军人的义气是出了名的。他们的团体意识相当的强烈，他们甚至会为自己同为西点的学生而感到异常亲切。即使相互之间从未谋面，但是校友一旦有要求，都会尽力相助、互相捧场和互相引荐。

西点对团队合作的理解不是每一个成员做好自己分内的事情，整个团队就没有问题了。西点非常注重个人对整体的影响。他们相信，真诚和尊重是合作的前提条件，没有这种团队精神作为前提，团队只是形同虚设。每个人都希望被真诚相待，都希望能够得到别人的尊重。

一般来说，人们对于自尊往往存有不容侵犯的保护意识。因此，一旦个人的自尊遭受侵犯或攻击时，即使对方过后表示歉意，恐怕也无法弥补双方已损伤的关系，更谈不上合作基础了。

举例来说，当大伙正在围桌谈笑时，有一个人讲了一个笑话，结果使得全场捧腹大笑，气氛十分欢乐。然而，在这些笑声还未平息之际，突然有另一个人说道："这的确是一则有趣的笑话，不过我在上个月的某本杂志中早就看过了。"或许这人的目的在于表现其博闻广识，但他所获得的真正评价是什么呢？而那个当初说笑话的人，此时的感受又如何呢？

大体而言，后者的行动仿佛掠夺者一般，因为他毫不顾及前者的立场，不留余地地夺走前者曾在众人心中建立的地位；而且此举对于前者而言，无异于使其颜面有损，甚至严重影响个人的自尊。至于那些在场的听众，相信既不会由于后者的优势作风而倾向于后者，也不可能因此降低对前者的评价。

世人大都爱自尊，这是不分贫富贵贱的。

每个人的想法都是不一样的，尊重别人是一种最基本的素质。这种素质是别人喜欢你，愿意靠近你，愿意与你合作的前提。

富兰克林在青年时代时，有一天，一位老教友把他喊到一边，诚恳地告诉他说道："你常常凭着你自己的情感去攻击人家的错误，这是不对的。你的朋友们都感到你不在的时候是十分快乐的；因为，他们觉得你知道的较多，所以没有谁敢对你说话，怕被你反驳得哑口无言。这样，你将失去你的朋友，你将不会比现在知道的更多了；实际上，你知道的也仅仅是一点而已。"富兰克林听了这些话，觉得自己若不痛改前非，那将永远交不到真正的朋友，也没有人愿意与他合作共事了。

所以他就定下了一条规律，就是不用率直的言词来作肯定的论断，而且在措辞方面，竭力地避免去抵触他人。不久，他觉得这种改变的态度有着很大的好处，和人家谈起话来越来越融洽，而且这种谦逊的态度，极易使人接受，即使自己有说错的地方，也不会受到怎样的屈辱。

用歪理说服别人，只会让对方口服心不服。捏造的理由是无法打动人心的。所以，为了得到对方心理上真正的认同，还必须考虑到不能让对方只是表面上的认同，而内心抗拒。实际上，爱说服别人的人总是一味地说出自己的意见，而对方只是"嗯！嗯！"地附和着，你便误以为对方已认同自己的意见。为什么会产生这种误会呢？因为太过于无视对方的存在，造成了不了解对方心里的真正想法、真实感受的窘境。聪明的人都知道合作并不只是单方面的。它是双方相互沟通，以至达成共识的结果。

许多事业上卓有成就的人成功的原因是他懂得驭人之术。而其中最重要的一点，也即最有效的一点就是：让别人感到自己很重要。因为每个人都想获得来自他人的尊重，得到别人的重视。

罗斯福是一位懂得使别人感到自己很重要的人。只要是去过牡蛎湾拜访过罗斯福的人，无不为他那博大精深的学识所折服。不管对方从事多么重要或卑微的工作，也不管对方有着什么样显赫或低下的地位，罗斯福和他们的谈话总能进行得非常顺利。

也许你会感到十分疑惑，其实这不难回答，每当他要接见某人时，他都会利用前一天晚上的时间仔细研读对方的个人资料，以充分了解对方的兴趣所在，在交谈中有意涉及对方感兴趣的话题，从而让对方感觉到自己被重视了。这样的精心准备怎能不使会面皆大欢喜呢！

总统尚且如此，我们凡人为何不肯承认别人的重要？所以，要使他人真心地尊敬和喜欢你，非常乐意为你做事，原则上是要拿对方感兴趣之事当话题，让他感觉到自己的重要。在满足别人的重要感之后，再谈合作的事情，很多事情都会迎刃而解了。

据一些权威人士表示，有人会借着发疯来从他们的梦幻世界中寻求自我满足。一家规模不小的精神病院的医生说："有不少人进入疯人院，是为了寻求他们在正常生活中无法获得的受重视的感觉。"人们为求受重视，连发疯都在所不惜，试想如果我们肯多给对方一分尊重、一些真诚的赞美，对他的影响该有多大！

在通常情况下，人们内心所想的东西，即使不用嘴说出来，不用笔写出来，也会被对方觉察体会出来。假如你对对方有厌恶之情，尽管你没有说出来，但是由于你这种心理的支配，多少会露出一些蛛丝马迹，被对方捕捉住，或被对方体察出来，不久，他对你也会产生坏印象的。这跟照镜子是一样的道理，你对它皱眉头，它也对你皱眉头，你对它露出笑脸，它也还你一张同样的笑脸。同样地，如果我们怀着一颗真诚的心去肯定对方，对方也会同样从内心感激你，用心回报你，直至将你所交代的事情做到完美为止。

当年老罗斯福当纽约州长时，同政党领袖们相处极好，而又能使他们改革他们一向最不赞成的政事。

当一个重要的官职空缺应该填补时，他就约请政党首脑为之推荐人选。老罗斯福说："起初他们提出一位政党的小人物，我便对他们说用这样一位小人物不合乎良好的政治，民众一定不赞成。然后他们又会提出一个名字来，比第一位好不了多少。我就告诉他们说，任命这样一个人，恐怕还不合众望，不晓得他们还能不能再推荐一位更适宜的人。他们第三次推荐的人差不多可以了。但还不十分理想。于是我表示很感谢他们，请求他们再试一次，第四回说出来的人就很不错了。以后他们也许推荐出一位恰好就是我自己要挑选的那一位。

"表示感激之后，我便正式任用这人，而且我要让他们享受荣誉。我就对他们说：'我已经做了使你们高兴的事，现在轮到你们该给我做一点高兴的事了。'

"他们当真如此做了。他们赞成了重大的改革方案，如选举方案、税法及市公务法案等。"

老罗斯福遇事都同别人商量，并且尊重他们的意见，维护他们的自尊。老罗斯福遇到任命重要官吏时，他会让政党首脑们感觉到人选是他们挑定的，意见也是他们给的。

第九条　具备领袖气质

敢于承担大任

　　西点军校是培养军队领导人才的地方，对于学员领袖气质的培养是重点。西点人认为敢于承担大任是一名领袖首要的素质。

　　20世纪70年代中期，日本的索尼彩电在国内已经很有名气了，但是在美国却不被顾客所接受，因而索尼在美国市场的销售相当惨淡。为了改变这种局面，索尼派出了一位又一位负责人前往美国芝加哥。那时候，日本在国际上的地位还远不如今天这么高，其商品的竞争力也较弱，在美国人看来，日本货就是劣质货的代名词。所以，被派出去的负责人，一个又一个空手而回，并找出一大堆借口为自己的美国之行辩解。

　　但索尼公司没有放弃美国市场。后来，卯木肇担任了索尼国外部部长。上任不久，他被派往芝加哥。当卯木肇风尘仆仆地来到芝加哥时，令他吃惊不已的是，索尼彩电竟然在当地寄卖商店里蒙尘垢面，无人问津。卯木肇百思不得其解，为什么在日本国内畅销的优质产品，一进入美国竟会落得如此下场？

经过一番调查，卯木肇知道了其中的原因。原来，以前来的负责人不仅没有努力，还糟蹋了公司的形象，他们曾多次在当地的媒体上发布削价销售索尼彩电的广告，使得索尼在当地消费者心中进一步形成了"低贱"、"次品"的糟糕形象，索尼的销量当然会受到严重的打击。在这种时候，卯木肇完全可以回国了，并且可以带回新的借口：前任们把市场破坏了，不是我的责任！但他没有那么做，他首先想到的是如何挽回局面。要如何才能改变这种既成的印象，改变销售的现状呢？

经过几天苦苦思索，卯木肇受"带头牛"效应启发，决定找一家实力雄厚的电器公司作为突破口，彻底打开索尼电器的销售局面。

马歇尔公司是芝加哥最大的一家电器零售商，卯木肇最先想到了它。为了尽快见到马歇尔公司的总经理，卯木肇第二天很早就去求见，但他递进去的名片却被退了回来，原因是经理不在。第三天，他特意选了一个估计经理比较闲的时间去求见，但回答却是"外出了"。他第三次登门，经理终于被他的耐心所感动，接见了他，却拒绝卖索尼的产品。经理认为索尼的产品降价拍卖，形象太差。卯木肇非常恭敬地听着经理的意见，并一再地表示要立即着手改变商品形象。

回去后，卯木肇立即从寄卖店取回货品，取消削价销售，在当地报纸上重新刊登大幅广告，重塑索尼形象。

做完了这一切，卵木肇再次叩响了马歇尔公司经理的门。这次他听到的是索尼的售后服务太差，无法销售。屡次遭到拒绝，他还是"痴心不改"。卵木肇立即成立索尼特约维修部，全面负责产品的售后服务工作；重新刊登广告，并附上特约维修部的电话和地址，24小时为顾客服务。

卵木肇规定他的每个员工每天拨5次电话，向马歇尔公司询购索尼彩电。马歇尔公司被接二连三的求购电话搞得晕头转向，以致员工误将索尼彩电列入"待交货名单"。这令经理大为恼火，这一次他主动召见了卵木肇，一见面就大骂卵木肇扰乱了公司的正常工作秩序。卵木肇笑逐颜开，等经理发完火之后，他才晓之以利、动之以情地对经理说："我几次来见您，一方面是为本公司的利益，但同时也是为了贵公司的利益。在日本国内最畅销的索尼彩电，一定会成为马歇尔公司的摇钱树。"在卵木肇的巧言善辩下，经理终于同意试销两台，不过，条件是，如果一周之内卖不出去，立马搬走。

为了开个好头，卵木肇亲自挑选了两名得力干将，把百万美金订货的重任交给了他们，并要求他们破釜沉舟，如果一周之内这两台彩电卖不出去，就不要再返回公司了……

两人果然不负众望，当天下午4点钟，就送来了好消息。马歇尔公司又追加了两台。至此，索尼彩电终于挤进了芝加哥的"带头牛"商店。随后，进入家电的销售旺季，短短一个月内，竟卖出700多台。索尼和马歇尔从中获得了"双赢"。

有了马歇尔这只"带头牛"开路，芝加哥的100多家商店对索尼彩电群起而销之，不出3年，索尼彩电在芝加哥的市场占有率竟达到了30%。

在做事情的时候，逃避责任的人会对自己说："算了，太困难了。"这样不仅是在逃避困难，更是对自己能力的践踏，对自己开拓精神的扼杀。逃避责任的人，也许可以得到暂时不执行任务的清闲，却失去了重要的成长机会——你什么都不做，到哪里去学习技能，哪里去积累经验呢？而敢于承担大任、接受挑战的人，条件不具备，他会创造条件；人手不够，他知道多做一些、多付出一些精力和时间。只有历经磨难之后才能百炼成钢，成为鹤立鸡群的强者，具有与众不同的领袖气质，才有资格去统领别人。

麦当劳快餐连锁店新总裁查理·贝尔年仅43岁，他是麦当劳的首位澳大利亚老板。他的职业生涯始于15岁。1976年，年仅15岁的贝尔于无奈之中走进了一家麦当劳店，他想打工挣点零用钱，也没有想到以后在这里会有什么前途。他被录用了，工作是打扫厕所。虽然扫厕所的活儿又脏又累，但贝尔对这份工作十分负责，做得非常认真。

他是个勤劳的孩子，常常是扫完厕所，就擦地板；擦完地板，又去帮着翻正在烘烤的汉堡包。不管什么事他都认真负责地去做，他的表现令麦当劳打入澳大利亚餐饮市场的奠基人彼得·里奇心中暗暗喜欢。没多久，里奇说服贝尔签了员工培训协议，把贝尔引向正规职业培训。培训结束后，里奇又把贝尔放在店内各个岗位上。虽然只是做钟点工，但悟性出众的贝尔不辜负里奇的一片苦心，经过几年锻炼，全面掌握了麦当劳的生产、服务、管理等一系列工作。19岁那年，贝尔被提升为澳大利亚最年轻的麦当劳店面经理。

敢于承担责任，才能担当大任。这就要求我们不仅要对自己的问题负责，有些问题尽管不是自己造成的，但当问题来到自己面前时，也要勇敢地承担起来，并积极行动，将问题解决掉，而不是把问题推给别人。

具备开阔的胸襟

在西点，流传着这样一句格言："天空收容每一片云彩，不论其美丑，故天空广阔无比。"西点人认为，开阔的胸襟是做人的一种风度和境界。

西点军校1915届毕业生艾森豪威尔是一个既随和又高贵的人，很受人尊敬。传记作家彼得·莱昂说："艾森豪威尔曾想亲近人民，他也希望人民亲近他。当事情并非如此的时候，他感到难过。"他需要友好亲善的一个理由，是他对谈论别人缺点时的厌恶。

艾森豪威尔小的时候，曾因为大人不允许他同其他孩子们一起玩耍十分生气，用指关节撞树，直到撞出血来。妈妈在帮他敷药的时候告诉他："厌恨是毫无用处的。"艾森豪威尔觉得这是他一生中最重要的时刻。从那以后，他努力避免憎恨别人或公开说别人的坏话。他说："我们不要浪费一分钟的时间去想那些我们不喜欢的人，也不要为了恨别人而去浪费一分钟。"

艾森豪威尔那种令人宽慰的笑容，正好是他乐观的精神写照。他偶尔也会闷闷不乐或者怒气冲冲，但从来没有持续多久。

宽容说起来简单，可做起来并不容易。不过这也是最能体现一个人的胸襟和涵养的时候。

统帅北方军的格兰特将军和领军南方部队的罗伯特·李都毕业于西点军校，这两位昔日的同窗好友因为各为其主而成为战场上的对手。结果，格兰特技高一筹，最终迫使罗伯特·李俯首称臣。然而，格兰特一生最敬重的人却是他的对手罗伯特·李，并且多次在公开场合称赞罗伯特·李。

领导者必须有开阔的胸怀，正所谓"宰相肚里能撑船"，只有胸怀宽阔坦荡的人才能显现出非凡的气度，才能拥有较强的个人魅力，才能容忍他人的缺点和错误，看到积极方面和主流，这样他便能做到凝聚人心，把有才干的人集中到自己的身边，为己所用。

领导者具有容天地万物的气度。这也是优秀领导者必备的素质修炼之一。领导者的胸襟主要表现是虚怀若谷、宽恕礼让、容纳异己、以德报怨。待人宽容，不仅在团队管理中受人尊敬，让部下产生信服之感，还能使自己较为容易获得非权力的影响力。胸怀宽度决定着管理高度，有时无声的宽恕比批评指责更有说服力。

凡成大事者，无不以宽容取胜。

索尼创始人盛田昭夫就是一个对员工豁达、宽容的优秀管理者。

有一次，索尼公司某下属公司的总经理对盛田昭夫抱怨说，有时工作中出了差错，却找不出该负责任的员工。盛田昭夫对这位总经理说："找不出是好事。如果真的找出是哪位员工，会影响其他员工。"

他还对这个总经理说："就算找出了犯错误的人，怎么处理？这个人肯定已经在公司里干了一些时间，即使你把他开除了也于事无补，错误已经犯了，只能尽力弥补，让同样的错误不再发生。如果他是一位新员工呢，犯错误是因为对工作还不够熟悉，这时候你更要帮助他而不是抛弃他。要耐心找出犯错误的原因，以免他或别人重犯。这不但不是损失，反而获得了教训。在我多年的领导生涯中，还真找不出因犯错误而被开除的人呢。"

盛田昭夫告诫这位总经理："我们不可能要求员工不犯错误，'人非圣贤，孰能无过'，何况这些错误也不至于动摇整个公司。而如果一定要追究员工因犯错误而被剥夺了升迁的机会，他也许就会一蹶不振，从此失去工作的热情，更别说为公司作更大的贡献了。所以，只要找出错误的原因，公之于众，无论是犯错误的人，还是没犯错误的人都会牢记在心。"

盛田昭夫曾对下属这样说过："放手去做好认为对的事，即使你犯了错误，也可以从中得到教训，不再犯同样的错误。"盛田昭夫的宽容和明智，深深地触动了这位总经理。

如果为了追究一个错误，又犯另一个错误，这其实是两个错误了。对于领导者来说，容许员工犯错是非常重要的，这不仅是领导者处理好与下属关系不可缺少的品质，而且这对企业管理本身也有许多好处。

宽容地对待员工的错误有利于激发员工的主观能动性，从而对工作加倍努力。作为一个领导者就要具备豁达、开放、包容的胸襟，而后事业才能有成。宽容大度是现代领导者必备的品质之一，管理中必须讲宽容。如果小肚鸡肠，那就绝不可能成为十分优秀的管理者。

一个人不管多么高明，缺点错误总是在所难免的。只要员工抱着一种积极、认真、负责的态度去做，哪怕出现一些差错，领导者也应以一种宽容之心去处理，不能"一棒子打死"，要和员工共同分析原因，查找不足，总结经验教训，避免类似问题重复出现。

犯错的员工得到领导者的谅解，从而获得一个宽松安定的心理环境。管理者爱才、惜才、用才是宽容大度的突出表现。既要学习别人的长处，补己之短；又要能够宽容别人的短处，扬长避短。宽容的品质对于管理来说像润滑剂一样，使人与人之间的摩擦减少，增强领导者与被领导者之间的团结，提高群体相容水平。

尊重团队成员

在西点，指挥官与下属之间讲求的是信赖、忠诚、尊重，而这一切的默契只能够通过"仁慈"的做法来实现。西点将军约翰·斯科菲尔德将军曾这样说："最好、最成功的指挥官，都是因为公正、坚定，加之和蔼亲切，才得到其下属的敬重、信赖和友爱。"无论在什么样的组织中，都应该讲求尊重式的领导。西点教员林肯·安德鲁曾这样讲述西点军人应有的领导方式："或许每一位军事领导人应有的最重要的基本认识就是——每一个人都深深渴望保持自尊，都有权要求周围的人认识到他的自尊。"尊重的表示，对那些富于高尚思想和有荣誉感的人有很大的力量。尊重能给人以激励的力量，一个懂得运用尊重和赞美来调动下属积极性的领导者往往能带动自己的团队获得巨大的成功。

给他人留面子，可以减少对别人的伤害。通用电气公司曾面临一项需要慎重处理的工作—免除查尔斯·史坦恩梅兹担任计算部门主管职务。史坦恩梅兹在电器方面是一等一的天才，但担任计算部门主管却彻底地失败了，然而公司却不敢冒犯他。公司绝对不会批评他，而他又十分敏感。于是他们给了他一个新头衔，让他担任通用电气公司顾问工程师——工作还是和以前一样，只是换了一项新头衔，并让其他人担任部门主管。

史坦恩梅兹对新头衔十分满意，通用公司的高级人员也很高兴。他们以温和的方式调动了他们这位最暴躁的大牌明星职员，而且这样做并没有引起一场大风暴，这是因为他们包容的举措让他保住了他的面子。

给他人留有面子，这是很重要的，然而却很少有人想到这一点。生活中我们常常残酷地抹杀他人的感觉，又自以为是；我们在其他人面前批评一个小孩或一名员工，找差错，发出威胁，甚至不去考虑是否伤害到了别人的自尊。然而，一两分钟的思考、一两句体谅的话，对他人态度做深入的了解，都可以减少对别人的伤害。

领导能力也是一种艺术，不是生硬的命令，而是一种尊重与激励的艺术。懂得如何合理地运用领导技巧，尊重的同时又不丧失威严，利用赞美使下属发挥更大的潜力，才是真正优秀的领导。

领导者应当懂得理解人、关心人、尊重人。人不是机器，也不应当被当成机器或者发泄工具来粗暴对待。

打造"和谐"的管理境界，是要实现管理者既要"少管理"，又要"管得住"；既要让员工感受到充分的尊重，又要促进企业的长远发展。在实施管理过程中，企业管理者要强调员工的重要性，并尽可能地弱化自己，采用柔性的管理方式，把每一位员工都放在十分重要的位置上。但这并不是说，管理者就需要讨好员工。和谐并不是靠讨好员工得来的。和谐是指双方彼此尊重，只有彼此尊重才有进一步的团结合作。管理者的秘诀是尊重人，但是，即使是在柔性的管理方式下，也要有刚性的制度。管理者在实施管理过程中，可以采用灵活的方法，但一定要坚持原则，令行禁止，在制度面前人人平等，这是管理中必须遵守的规则。

早在创业之初，沃尔玛公司创始人山姆·沃尔顿就为公司制定了三条座右铭：顾客是上帝、尊重每一个员工、每天追求卓越。沃尔玛是"倒金字塔"式的组织关系，这种组织结构使沃尔玛的领导处在整个系统的最基层，员工是中间的基石，顾客放在第一位。沃尔玛提倡"员工为顾客服务，领导为员工服务"。

沃尔玛的这种理念极其符合现代商业规律。现今的企业，竞争其实就是人才的竞争，人才来源于企业的员工。作为企业管理者只有提供更好的平台，员工才会愿意为企业奉献更多的力量。上级很好地为下级服务，下级才能很好地对上级负责。员工好了，公司才能发展好。企业就是一个磁场，企业管理者与员工只有互相吸引才能凝聚出更大的能量。但是，很多企业看不到这一点。不少企业管理者总是抱怨员工素质太低，或者抱怨员工缺乏职业精神，工作懈怠。但是，他们最需要反省的是，他们为员工付出了多少？作为领导，他们为员工服务了多少？正是因为他们对员工利益的漠视，才使很多员工感觉到企业不能帮助他们实现自己的理想和目标，于是不得不跳槽离开。

这类企业的管理者应该向沃尔玛公司认真学习。沃尔玛公司在实施一些制度或者理念之前，首先要征询员工的意见："这些政策或理念对你们的工作有没有帮助？有哪些帮助？"沃尔玛的领导者认为，公司的政策制定让员工参与进来，会轻易赢得员工的认可。沃尔玛公司从来不会对员工的种种需求置之不理，更不会认为提出更多要求的员工是在无理取闹。相反，每当员工提出某些需求之后，公司都会组织各级管理层迅速对这些需求进行讨论，并且以最快的速度查清员工提出这些需求的具体原因，然后根据实际情况做出适度的妥协，给予员工一定程度的满足。

在沃尔玛领导者眼里，员工不是公司的螺丝钉，而是公司的合伙人，他们尊重的理念是：员工是沃尔玛的合伙人，沃尔玛是所有员工的沃尔玛。在公司内部，任何一个员工的铭牌上都只有名字，而没有标明职务，包括总裁，大家见面后无须称呼职务，而直呼姓名。沃尔玛领导者制定这样制度的目的就是使员工和公司就像盟友一样结成了合作伙伴的关系。沃尔玛的薪酬一直被认为在同行业中不是最高的，但是员工却以在沃尔玛工作为快乐，因为他们在沃尔玛是合伙人，沃尔玛是所有员工的沃尔玛。

在物质利益方面，沃尔玛很早就开始面向每位员工实施其"利润分红计划"，同时付诸实施的还有"购买股票计划"、"员工折扣规定"、"奖学金计划"等。除了以上这些，员工还享受一些基本待遇，包括带薪休假，节假日补助，医疗、人身及住房保险等。沃尔玛的每一项计划几乎都是遵循山姆·沃尔顿先生所说的"真正的伙伴关系"而制定的，这种坦诚的伙伴关系使包括员工、顾客和企业在内的每一个参与者都获得了最大程度的利益。沃尔玛的员工真正地感受到自己是公司的主人，受到了应有的尊重。

在这里，所有人都会明白沃尔玛持续成功的根源。沃尔玛这一模式使很多企业很受启发。

有一家饭店企业把沃尔玛当作学习的榜样，"没有满意的员工，就没有满意的顾客。"饭店管理者把这句话当作企业文化理念的精髓。饭店拥有员工近 400 人，除大部分为正式员工外，还有少部分为外聘人员，饭店领导首先为他们营造的是一个平等的工作环境与空间，一旦发现了人才，无论是正式员工与否都给予鼓励与培养。每年的春节，饭店高级管理人员都要为员工亲手包一顿饺子，并为员工做一天的"服务员"。每年，饭店还要对有特殊贡献的员工进行晋级奖励，目前得到晋级奖励的员工已占到全体员工总数的 10%。饭店还定期组织员工外出旅游，节假日举办联欢会。如同沃尔玛取得的辉煌业绩一样，一份爱一份收获，领导的良苦用心得到了回报。由于该饭店员工的素质一流，几乎所有的宾客都能享受到"满意＋惊喜"的服务。他们对此赞不绝口，饭店生意红红火火。

一个优秀的团队领袖，必然能充分尊重团队中每位成员。尊重能够凝聚人心，尊重能够产生力量。一个能够尊重他人的领袖和一个能够互相尊重的团队，将是不可战胜的。

第十条　关键时刻果断决策

该出手时就出手

　　一些伟大的人物都是一些果敢决策的高手，即使面对突发变故，仍然镇定自若，该出手时就出手。而有些人简直是无可救药的狐疑寡断之辈，他们不敢决定各种事件，因为他们不知道这决定的结果究竟是好是坏，是吉是凶。有些人本领不差，人格也好，但因为寡断，他们的一生就给糟蹋了。

　　该出手时不出手，究其原因，就是怕犯错，而怕犯错，又是一个人易犯的大错。犹豫不决是避免责任与犯错的一种"方法"，它有一个谬误的前提：不作决定，不会犯错。犹豫不决的人有两种类型，第一种类型的人尽量不作太多的决定，而且尽量拖延决定，他们根本做不了事情，因为他们一点也没有行动。第二种类型的人习惯仓促地作决定，但他们所作的决定大都不成熟，而且一定半途而废，他们时常在冲动与考虑欠周的行动之间自寻麻烦。你也许听说过那匹可怜的毛驴的故事：一匹毛驴幸运地得到了两堆草料，然而"幸运"却毁了这可怜的家伙，它站在两堆草料中间，犹豫着不知先吃哪一堆才好，就这样，守着近在嘴边的食物，这匹毛驴却活活饿死了。世间最可怜的，是那些遇事举棋不定、犹豫不决，经常彷徨歧路、不知所措的人；是那些自己没有主意，不能抉择，依赖别人的人。这种主意不定、自信不坚的人，也难于得到别人的信任。

一份分析2500名尝到败绩的人的报告显示，迟疑不决、该出手时不出手几乎高居31种失败原因的榜首；而另一份分析数百名百万富翁的报告显示，这其中每一个人都有迅速下定决心的个性，即使改变初衷也会慢慢来。累积财富失败的人则毫无例外地遇事迟疑不决、犹豫再三，就算是终于下了决心，也是推三阻四、拖泥带水，一点也不干脆利落，而且又习惯于朝令夕改，一日数变。

亨利·福特最特别的个性之一，即是迅速达成确切决定。福特先生的这一个性出名到背上顽固不通的骂名。也就是这一个性使得他在所有顾问的反对下，在许多购车人力促他改变下，仍一意孤行，继续制造他有名的T型车种（世界上最丑陋的车）。也许福特先生在改变这一项决定的时候拖了太久，但是故事的另一面反过来说，正是他的坚定不移为他赚得巨额财富。这些财富早在T型车有必要改变造型之前，已使他成为"汽车大王"。无疑地，福特先生决心之坚定，已几近刚愎自用的程度，但是这份个性还是比迟疑下决定又朝令夕改来得好。

该作决定的时候怎么办？要决定的事，简单的如今天该穿什么衣服，到哪儿吃午饭；慎重的，譬如要不要辞职等，你是不是既作决定，就按部就班接着做下去？还是过分担忧会有什么后果？由于恐惧自主，恐惧批评，恐惧改变，迟迟不能决定，而越是犹豫就越恐惧。人产生犹豫的缘故十之八九是因为有某种怕犯错的恐惧感。头脑好、有才气的人多半有这种困扰。如有位书读得不错的女孩，不知道该学医还是学声乐，为了考虑好，就暂时做些杂工，一做就是 5 年，仍决定不了。最后她读了医，但是，犹豫不决让她白白浪费了 5 年时间，如果一早读医或学声乐，都该有点成就了。

恐惧、后悔、效率差都和缺乏决断力有连带关系。先耗了时间和精神去想该不该去这么做，又要耗时间和精神去想要不要那样做。心情整日被这些事压得沉重了，人也变得郁闷无趣。可能因为拿不定主意而爱听别人的意见，依赖别人，久而久之，觉得别人都在找你的别扭，随时等着挑你的毛病，以至于仇视他人。

决断敏捷、该出手时就出手的人，即使犯错误，也不要紧。因为他对事业的推动作用，总比那些胆小狐疑、不敢冒险的人敏捷得多。站在河边，待着不动的人，永远不会渡过河去。

假使你有寡断的倾向，你应该立刻奋起击败这个恶魔，因为它足以破坏你各种进取的机会。在你决定某一件事情以前，你应该对各方面情况有所了解，你应该运用全部的常识与理智，郑重考虑，一旦决定以后，就不要轻易反悔。

练习敏捷、坚毅的决断，你会受益无穷。那时，你不但对自己有自信，而且也能得到别人的信任。敏捷、坚毅、决断的力量，是一切力量中的力量。要成就事业，必须学会该出手时就出手，使你的决断正确，坚定、稳固得像山岳一样。情感意气的波浪不能震荡它，别人的反对意见以及种种外界的侵袭，都不能打动它。

关键时刻善拍板

凡是从容果断的人，都在关键时刻敢于并善于拍板拿主意，表现出非凡的决策能力。"夫英雄者，胸怀大志，腹有良谋，有包藏宇宙之机，吞吐天地之志也"，曹操的这番话，说的正是成大事者的果断决策能力。

西点名将格兰特说："从容果断个性的人之所以在关键时刻不退缩，这是因为他们具有统筹全局的战略头脑和多谋善断的敏捷思维。"

国外许多著名的资产阶级政治家、军事家也很有战略眼光。英国著名的资产阶级政治家温斯顿·丘吉尔就是其中一位。在第二次世界大战中，面对法西斯德国严峻的军事威胁，丘吉尔以其对政治的敏感以及无与伦比的大局观，首先发现了纳粹德国的狼子野心，于是从反法西斯的全局战略出发，主张同苏联化敌为友，正是由于他的这种战略眼光，最终促成了世界反法西斯同盟的建立，为赢得世界反法西斯的胜利作出了重要的贡献。

"不畏浮云遮望眼，只缘身在最高层。"成大事者需要站得高，望得远，要善于掌握事物的发展规律，按照事物的连续性、因果性的联系，预见它的发展趋势，而且事物是多变的，要根据其时间、地点不同以及整体利益与局部各利益的差异来作出战略决策。这就需要有统帅全局的战略头脑。诸葛亮、萧何、丘吉尔、戴高乐正是由于拥有这样的战略头脑而成为杰出的成大事者。

一个人的多谋善断主要体现在他能深刻认识事物间的内在联系及事物的本质属性及发展规律，从而在纷繁复杂的各种事物中，透过现象看本质，并抓住主要矛盾，运用创造性思维方法，进行科学的归纳、概括、分析和判断，举一反三，触类旁通，找出解决问题的关键所在。

是否多谋善断其实反映着一个人决策水平的高低。成大事者的日常活动中，有一项便是要经常作决策，因此领导者往往需要较强的当机立断的决策能力，即成大事者决定采取哪一种最有效方式的决断能力。

当机立断需要有选择最佳方案的决策能力，决策就是方案选优。不过，这个选择不是简单地在是非之间挑选，而往往是在一种方案不一定全优于其他方案的情况下进行。科学决策必须建立在对多种方案对比选优的基础上，这就要求领导者具有方案对比选优的能力。

当机立断需要有风险决策的精神。客观情况，往往是纷繁复杂的，有一些情况是不可能让人事先作出百分之百正确判断的。现实生活中，成大事者常常遇到的是一些不确定型、风险型的决策，这就要求决策者有敢想敢干、敢冒风险的精神，不能追求四平八稳，因循守旧。"当断不断，反受其乱。"决策是不能一拖再拖的，它需要在有效的时间、地点内完成。否则，正确的决策一旦错过了时机就会成为错误的方案。

关键时刻善拍板是成大事者必备的能力。成大事者善于当机立断，有敏捷的思维，才能在复杂多变的情况下，应付自如。现代社会是信息社会，信息瞬息万变，机会稍纵即逝，尤其是在实行市场经济的今天，市场形势变化多端，就更需要现代领导者善于抓住机遇，当机立断，取得成功。

成功的人做事之所以从容，是因为他们能趁热打铁，因此也就不会有火烧眉毛后的手忙脚乱及"我应该做它，但应付它现在已经太晚"的遗憾。美国哈佛大学人才学家哈里克说："世上有93%的人都因为拖拉的个性而一事无成，这是因为拖拉能杀伤人的积极性。"你有没有办事拖拉的毛病？一件任务布置下来，你不是抓紧去做，而是想离限定的时间还早呢，于是不急不忙，甚至先扔到一边。只是期限快到了，才临阵磨枪，突击去做。

或者，你遇见一个难题，非常棘手，于是就想，先放放吧，以后再解决。结果一放，就是十天半月，甚至遥遥无期。再或者，你一直想给某人打个电话，但不凑巧，你记不清他的电话号码，你想起放在家里的记事本上有。于是决定回家后查查再打。但回到家后，又有别的事，打电话就这样耽误了，这个电话自然又没打成，如此种种，都是办事拖拉的毛病。

你可能会认为，办事拖拉，虽然不好，但也不是什么大毛病。其实，拖拉是人性的一种弱点，它在生活中不仅随时显现而且杀伤力极强。要想克服它，在做事的时候就要抱有热忱。

有经验的铁匠知道，打铁须趁热。人们做事也是如此，有热忱的时候去做一件事，与在热忱消失以后去做一件事，其中的难易苦乐要相差很大。趁着热忱最高的时候，做一件事情往往是一种乐趣。等热忱消失后再去做，可能就成为一种痛苦，也不易办成。

放着今天的事情不做，非得留到以后去做，在拖延中所耗去的时间和精力，就足以把今日的工作做好。所以，把今日的事情拖延到明日去做，是不合算的。人生和命运也是这样，好的机会往往稍纵即逝，犹如昙花一现。如果当时不善加利用，错过之后就会后悔莫及。决断好了的事情拖延不去做，还往往会对我们的品格产生不良的影响，例如不守时、办事效率低、不能承担重任，甚至不堪信赖等。唯有按照既定计划去执行的人，才能增进自己的品格，才能使其人格受到他人的敬仰。其实，人人都能下决心做大事，但只有少数人能够一以贯之地去执行自己的决心，而也只有这少数人是最后的成大事者。

第十一条　自信创造奇迹

信心有多大，世界就有多大

在西点军校的考试前夜，麦克阿瑟感到非常焦虑，母亲告诉他："我的儿子，你必须相信你自己，否则没有人相信你；只要你抛弃了内心的怯懦，你一定能赢；尽管你没有把握成为第一，但你必须做最好的自己。"当西点军校的考试成绩公布时，麦克阿瑟名列第一，后来，凭着自信，他成为美国著名的将军。

西点的学生都很阳光、积极、意气风发、沉着稳健。当他看着你时，眼睛总是明亮中透着坚毅，焦距在你的眼睛上，没有任何恍惚的目光，让你立刻感到他积极的心态和战胜一切的能力和信心。

西点军校是这样定义自信的："自信心就是相信自己在任何情况下，即便是受到压力，又得不到所需要信息的情况下，也能够正确无误地采取行动。"自信心来自于个人的能力，它是以掌握的技能为基础的，有能力才能担当艰巨的任务，贡献个人的力量。自信也来源于主动寻求各种可以考验能力、提供学习机会的挑战。没有任何挑战能让你投降，这就是自信的精髓。

人与人交往，常常是意志力与意志力的较量，不是你影响他，就是他影响你。而我们要想让别人相信自己，首先你就得相信自己。只有强大的自信才能感染别人，影响别人，进而征服别人，让别人因为受到你的影响而相信你。

信心有多大，舞台就有多大。自信，是一种感染力，是一种通向成功的先兆。即使是身处困境，别人也会从你的自信中看到你未来的希望。相反，如果连你自己都不相信自己了，还如何能企望别人来相信自己？

福布斯集团的主编大卫·梅克在下属们忙着组稿时，他总会传话说："在这期杂志出版之前，你们中有一个人将被解雇。"听到这话，大家都很紧张。有一次，一个员工实在紧张得受不了，就去问大卫·梅克："大卫，你要解雇的人是不是我？"没想到大卫·梅克却说："我本来还没有考虑谁被解雇，既然你找上门来，那就是你了。"就这样，那名员工被解雇了。

这就是不自信的代价，如果你没有自信，觉得自己很弱的话，别人也往往会随着你的思路和暗示认为你就是那个最差的人。不要抱怨，这就是事实。

相信自己，是相信自己的优势，相信自己的能力，相信自己有权占据一个空间。只有相信自己才能让周围形成一股通往成功的暖流。

信心是成功的秘诀。拿破仑·希尔说："我成功，因为我志在战斗。"若没有毅力和信心，成功便会离他而去。

从 22 岁到 54 岁，罗纳德·里根从电台体育播音员到好莱坞电影明星，整个青年到中年的岁月都陷在文艺圈内，从来没想过要从政，更没有什么经验可谈。这一现实，几乎成为里根涉足政坛的一大拦路虎。然而，共和党内保守派和一些富豪们看中了里根的从政潜质，竭力怂恿他竞选加州州长，于是里根毅然决定放弃大半辈子赖以为生的影视职业，开始了他的政治生涯。

当然，里根要改变自己的生活道路，并非突发奇想，而是与他的知识、能力、经历、胆识分不开的。因为信心毕竟只是一种自我激励的精神力量，若离开了自己所具备的条件，信心也就失去了依托，难以变希望为现实。大凡想大有作为的人，都须脚踏实地，从自己的脚下踏出一条远行的路来。有两件事树立了里根角逐政界的信心：

第一件事是他受聘担任通用电气公司的电视节目主持人。这使得他有大量机会认识社会各界人士，全面了解社会的政治、经济情况。他从中获得了大量信息，从工厂生产、职工收入、社会福利到政府与企业的关系、税收政策，等等。里根把这些话题吸收消化后，通过节目主持人身份反映出来，立刻引起了强烈的共鸣。为此，该公司一位董事长曾意味深长地对里根说："认真总结一下这方面的经验体会，为自己立下几条哲理，然后身体力行地去做，将来必有收获。"这番话对里根产生弃影从政的信心功不可没。

另一件事是他加入共和党后，为帮助保守派头目竞选议员、募集资金，他利用演员身份在电视上发表了一篇题为《可供选择的时代》的演讲。专业化的表演才能使他大获成功，演说后立即募集到 100 万美元，以后又陆续收到不少捐款，总数达 600 万美元。《纽约时报》称之为美国竞选史上筹款最多的一篇演说。里根一夜之间成为共和党保守派心目中的代言人，得到了党内大多数人的支持。

里根在好莱坞的好友乔治·墨菲，这个地道的电影明星，与担任过肯尼迪和约翰逊总统新闻秘书的老牌政治家塞林格竞选加州议员。在政治实力悬殊巨大的情况下，乔治·墨菲凭着 38 年的舞台经验，唤起了早已熟悉他形象的老观众们的支持，从而大获成功。结果表明，演员的经历不但不是从政的障碍，而且如果运用得当，还会为争取选票、赢得民众发挥作用。里根发现了这一秘密，决定在塑造形象上作文章，充分利用自己的优势——五官端正、轮廓分明的好莱坞"典型的美男子"的风度和魅力，还邀约了一批著名的大影星、歌星、画家等艺术名流来助阵，使共和党的竞选活动别开生面、大放异彩，得到了众多选民的支持。

但里根的对手、多年来一直连任加州州长的老政治家布朗却对里根的表现不以为然，认为这只不过是"二流戏子"的滑稽表演。他认为无论里根的外部形象怎样光辉，其政治形象毕竟还只是一个稚嫩的婴儿。于是他抓住这一点，以毫无政坛工作经验为由进行攻击。而里根却因势利导，干脆扮演一个朴实无华、诚实热心的"平民政治家"。里根固然没有从政的经历，但有从政经历的布朗恰恰有更多的失误，给人留下把柄，让里根得以辉煌。二者形象的对照是如此的鲜明，里根再一次清除了障碍。

里根在竞选过程中，曾与竞争对手卡特进行过长达几十分钟的电视辩论。面对摄像机，里根淋漓尽致地发挥出表演才能，妙语连珠、挥洒自如，在亿万选民面前完全凭着当演员的本领，占尽上风。相比之下，从政时间长、但缺少表演经历的卡特却显得黯然失色。

里根成功的根源是自信，自信使他超越了障碍本身——缺少从政经验。经历固然是人生宝贵的财富，但有时也会成为成功的障碍。只是有的人将经历视为追求未来的障碍，有的人则将经历视为实现目标的法宝，里根选择了后者。

其实成功者也同样遭遇过失败，但坚定的信心使他们能够通过搜寻薄弱环节和隐藏的"门"，或通过吸取教训来获得成功。鸿运高照其实是他们信心坚定的结果。里根的成功经验表明：信心对于立志成功者具有重要意义。信心的力量在战斗者的斗争过程中起决定作用，事业有成之人必定拥有无坚不摧的信心。有人说："成功的欲望是造就财富的源泉。"这种自我暗示和潜意识被激发后会形成一种信心，转化为积极的情感，它会激发人们无穷的热情、精力和智慧，帮人成就事业，所以信心常常能改变人的命运。

自卑是成功的墓地

西点著名校友詹姆斯·A.M.惠斯勒认为："若想在自己内心建立信心，即应像洒扫街道一般，首先应将相当于街道上最阴湿黑暗之角落的自卑感清除干净，然后再种植信心，并加以巩固。"

自1802年建校以来，西点军校已经培养出两名美国总统、4名五星上将、3700名将军，美国陆军40%的将军都来自西点。另外，在当今世界500强企业中，约有1000名董事长、5000名总经理毕业于西点军校——任何一所商学院都没有培养出如此多的管理精英。

西点之所以是精英的摇篮，跟他们所倡导的精英主义教育是密不可分的。在西点军校的课堂上，心理学家讲道："成功心理、积极心态的核心就是自信主动的意识，或者称作积极的自我意识，而自信意识的来源和成果就是经常在心理上进行积极的自我暗示。反之也一样，消极心态、自卑意识，就是经常在心理上进行消极的自我暗示。"

浅野爱子在一家大型的日本企业上班，毕业于某著名语言大学。大学期间的浅野爱子是一个十分自信、从容的女孩。她的学习成绩在班级里名列前茅，是男孩追逐的焦点。然而，最近浅野爱子的大学同学惊讶地发现，浅野爱子变了，原先活泼可爱、整天嘻嘻哈哈的她，像换了一个人似的，不但变得羞羞答答，甚至其行为也变得畏首畏尾，而且说起话来，干起事情都显得特别不自信，和大学时判若两人。每天上班前，她会为了穿衣打扮花上整整两个小时的时间。

为此她不惜早起，少睡两个小时。她之所以这么做，是怕自己打扮不好，而遭到同事或上司的取笑。在工作中，她更是战战兢兢、小心翼翼，甚至到了谨小慎微的地步。

原来到这家公司后，浅野爱子发现同事们的服饰及举止显得十分高贵及严肃，让她觉得自己土气十足，上不了台面。于是她对自己的服装及饰物产生了深深的厌恶。第二天，她就跑到服饰精品商场去了。可是，由于还没有发工资，她买不起那些名牌服装，只能悻悻地回来了。

在公司的第一个月，浅野爱子是低着头度过的。她不敢抬头看别人穿的正宗的名牌西服、名牌裙子，因为一看，她就会觉得自己穷酸。那些早于她进入这家公司的女人大多穿着一流的品牌服饰，而自己呢，竟然还是一副穷学生样。每当这样比较时，她便感到无地自容，她觉得自己就是混入天鹅群的丑小鸭，心里充满了自卑。

服饰还是小事，令浅野爱子更觉得抬不起头来的，是她的同事们平时用的香水都是洋货。她们所到之处，处处清香飘逸，而浅野爱子自己用的却是一种廉价的香水。

女人与女人之间，聊起来无非是生活上的琐碎小事，主要的当然是衣服、化妆品、首饰，等等。而关于这些，浅野爱子几乎什么话题都没有。这样，她在同事们中间就显得十分孤立，也十分羞惭。

在工作中，浅野爱子也觉得很不如意。由于刚踏入工作岗位，工作效率不是很高，不能及时完成上司交给的任务，有时难免受到批评，这让浅野爱子更加拘束和不安，甚至怀疑自己的能力。此外，浅野爱子刚进公司的时候，她还要负责做清洁工作。看着同事们悠然自得地享用着她倒的开水，她就觉得自己与清洁工无异，这更加深了她的自卑意识……

成功者和普通人在性格上的区别是前者往往比较自信、有活力，而后者则不然，即使她很优秀，内心也总是灰暗和脆弱的。但是他们又有共同点，那就是人类天生的自卑感。自卑，通常被解释为一种消极的自我评价或自我意识，也就是个人认为在某些方面因技不如人而产生的消极情感；自卑感就是个体把自己的各方面能力、个人品质估计偏低而产生的消极意识。

浅野爱子总是一味地轻视自己，总感到自己这也不行，那也不行，什么也比不上别人，怕正面接触别人的优点，回避自己的弱项，这种情绪一旦占据心头，结果是对什么都提不起精神，犹豫、忧郁、烦恼、焦虑便纷至沓来。倘若遇到一点困难或者挫折，更是长吁短叹，消沉绝望，那些光明、美丽的希望似乎都与自己断绝了关系。无论如何，一个自卑的人是很难感受到快乐和幸福的，自卑感十分折磨人，是对人生兴奋、乐观、开朗的最大抑制。

世上大部分不能走出生存困境的人都是因为对自己信心不足，他们就像一颗脆弱的小草一样，毫无信心去经历风雨，这就是一种可怕的自卑心理。自卑心理严重的人，并不一定是其本身具有某些缺陷或短处，而是不能悦纳自己，自惭形秽，常把自己放在一个低人一等，不被自我喜欢，进而演绎成别人也看不起自己的位置，并由此陷入不能自拔的痛苦境地，心灵笼罩着永不消散的愁云。

每一个事物、每一个人都有其优势，都有其存在的价值。自卑是一种没有必要的自我没落，一个人如果陷入了自卑的泥潭，他能找到一万个理由说自己如何如何不如别人，比如：我个矮、我长得黑、我眼睛小、我不苗条、我嘴大、我有口音、我汗毛太多、我父母没地位、我学历太低、我职务不高、我受过处分、我有病、我不会吃西餐，等等，可以找到无数种理由让自己自卑。由于自卑而焦虑，于是注意力分散了，从而破坏了自己的成功，导致失败，即失败—自卑—焦虑—分散注意力—失败，这就是自卑者制造的恶性循环。

一个人如果陷入了自卑，在人际交往中除了封闭自己以外，就有可能会奴颜婢膝，低三下四。一个人如果自卑，他不仅不敢有远大的目标，同时他将永远不会出类拔萃；一个民族和国家如果自卑，只能当别国的殖民地，站不起来，也不敢站起来，只能跟在别国后边当附庸。雷切尔·卡林说过："很多失败者恰恰犯了一个相同的错误，他们对自身具有的宝藏视而不见，反而拼命去羡慕别人，模仿别人。殊不知，成功其实就是自信地走你自己的路。"

自信能引导一盏生命的明灯，一个人没有自信，只能脆弱地活着；反过来讲，因为信心的力量是惊人的，它可以改变恶劣的现状，达到令人满意的结局。充满信心的人永远击不倒，他们是命运的主人。强烈的自信心，可令我们每一个意念都充满力量。如果你用强大的自信心去推动你的事业车轮，你必将赢得人生的辉煌。

把自己视为一个成功的形象，有助于打破自我怀疑和自我失败的习惯，如果一直对自己保持怀疑，谁能相信你能成功？而你又怎么能达到你心中的目标？

就拿 DNA 双螺旋结构的发现来说，在 1951 年，英国的弗兰克林从自己拍摄的 X 射线照片上发现 DNA 的双螺旋结构后，他计划就发现做一次演说，但由于自卑，他踌躇再三，终于放弃了。1953 年，科学家沃森和克里克也发现了同样的现象，从而提出了 DNA 的双螺旋结构假说，使人们进入到生物时代，并因此获得 1962 年的诺贝尔医学奖。

多么可惜呀，若不是自卑，这个发现应该记在弗兰克林头上。自卑，使他与诺贝尔奖擦肩而过。自卑，也是成功的坟墓。

著名的奥地利心理分析家 A. 阿德勒在《自卑与超越》一书中说："人类的所有行为，要么源于自卑感，要么是对自卑感的超越。"

自卑感是与生俱来的，存在于每个人身上，只是程度不同而已。人们对改变现状的追求是永无止境的，因为人类的需要是永无止境的。但由于人类无法越过宇宙、跨过时空，无法摆脱自然的束缚，所以就产生了自卑。从哲学角度上讲，人产生自卑是无条件的。不过，对于具体的个人而言，产生自卑的原因却是千差万别的。人类认识自我常常借助于外部环境的反应和别人的评价态度，这早已被心理学家证实。例如一个画家，对自己很有信心，但是如果每个和他接近的人都说他画得不好，这时他就会产生自卑。阿德勒的亲身体会也证实了这一点：他的数学成绩很差，老师和同学们都说他笨，这使他认为自己是个数学低能儿。但有一天，他却做出了一道连老师也没有做出的数学题，他这才发现自己的信心和能力，从此走出了自卑的阴影。

第十二条 保持火一样的激情

热情让一切皆有可能

在西点流传着这样一句话："只要有热情，没有什么不可能。"

乔治·伊文斯只有半只脚，右手畸形，在别人看来，乔治什么也做不了。但他就是凭借这只脚实现了自己的橄榄球梦想。

因为喜欢橄榄球，乔治从很小的时候就开始刻苦训练，但当他想得到一份球队合同的时候，教练却跟他说："你的脚这样，还是做些别的事吧。"生活中，他已经不止一次经受过这样的打击，乔治的热情不减，他要努力下去。终于，新奥尔良圣徒队接受了他，给了他一次上场的机会，而他也在千钧一发的时刻帮助球队反败为胜。在场的 7 万多观众疯狂地呐喊，他们高呼着："乔治好样的！乔治好样的！"而那个之前不被人看好的乔治也已经热泪盈眶，是他的热情和不懈的努力帮他获得了成功。

但是，并不是所有人都像乔治那样拥有热情，就像爱默生说的那样："一个人，当他全身心地投入到自己的工作之中，并取得成绩时，他将是快乐而放松的。如果情况相反，他的生活则平凡无奇，有可能还不得安宁。"

一个对自己工作充满热情的人，无论在什么地方从事何种职业，他都会认为自己所从事的工作是世界上最神圣、最崇高的一项职业；无论工作的困难多大，或是质量要求多高，他都会一丝不苟、不急不躁地完成它。

有一位名叫格罗夫的地质学教授，他总是有意迈着大步，摆动双臂，在过道里走来走去。别人无论什么时候见到他，他总是面带微笑。其实，他的工作在许多人看来非常枯燥，每天都要与一堆不会说话的石头打交道，他为什么还那么高兴呢？答案很简单，他对自己的工作充满热情，他深深地爱着自己的工作。

人一旦有热情就会受到鼓舞，鼓舞为热情提供能量，工作也会因此充满乐趣。即使工作有些乏味，只要善于从中寻找到意义和目的，热情也会应运而生。而且，当一个人对自己的工作充满干劲时，他便会全身心地投入到工作之中。这时候，他的自发性、创造性、专注精神就会体现出来。

雅丝·兰黛是许多年来一直盘踞《财富》与《福布斯》杂志等富商榜首的传奇人物。这位当代"化妆品工业皇后"白手起家，凭着自己的聪颖和对工作和事业的高度热情，成为世界著名的市场推销专才。由她一手创办的雅丝·兰黛化妆品公司，首创了卖化妆品赠礼品的推销方式，使得公司脱颖而出，走在了同行的前列。她之所以能创造出如此辉煌的事业，不是靠世袭，而是靠自己对待工作和事业的激情态度得来的。在 80 岁前，她每天都能斗志昂扬、精神抖擞地工作 10 多个小时，其对所持有工作的态度和旺盛的精力实在令人惊讶。今天的兰黛名义上已经退休了，但她依旧会每天穿着名贵的服装，精神抖擞地周旋于名门贵户之间，替自己的公司作无形的宣传。

许多人对自己的工作一直未能产生足够的激情与动力，主要的问题可能就出在他根本不知道自己为何需要这份工作。其实，能拥有工作是幸福的。美国汽车大王亨利·福特曾说："工作是你可以依靠的东西，是个可以终身信赖且永远不会背弃你的朋友。"连拥有亿万资财的汽车业巨子都还是如此地热爱工作，那我们似乎也难以找出不喜爱工作的理由了。

由热爱工作，到对工作产生热情，是一个熟悉并逐渐深入工作的过程。当一个人真正具有了热情，你可以发现他目光闪烁，反应敏捷，性格活泼，浑身都有感染力。这种神奇的力量使他以截然不同的态度对待别人，对待工作。

伟大人物对使命的热情可以谱写历史，普通人对工作的热情则可以改变自己的人生。

当贝特格刚转入职业棒球界不久，便遭到有生以来最大的打击：他被约翰斯顿球队开除了。经理对他说："你动作这么慢，根本不适合在球场上打球。贝特格，离开这里之后，无论你到哪里做事，如果不提起精神，你将永远不会有出路。"

贝特格没有其他出路，就去了宾州的一个叫切斯特的球队，从此参加这个级别很低的联赛。和约翰斯顿队175美元的月薪相比，他现在每个月只有25美元的薪水，这更让他无法找到工作的激情。但他想："我必须激情四射，因为我要生活下去。"

在贝特格来到切斯特球队的第三天，他认识了一个叫丹尼的老球员，他劝贝特格不要参加这么低级别的联赛。贝特格很沮丧地说："在我还没有找到更好的工作之前，我什么都愿意做。"

一个星期后，在丹尼的引荐下，贝特格顺利加入了康州的纽黑文球队。这个球队没有人认识他，更没有人责备他。那一刻，他在心底暗暗发誓，我要成为整个球队最具活力、最有激情的球员。

从那以后的每天，贝特格就像一个不知疲倦的铁人奔跑在球场上，球技也提高得很快，尤其是投球，不但迅速而且有力，有时居然能震落接球队友的护手套。

一次联赛中，贝特格的球队遭遇实力强劲的对手。那天的气温达到了华氏100度，身边像有一团火在炙烤，比赛的最后几分钟，对手接球失误，贝特格抓住这个千载难逢的机会迅速攻向对方主垒，帮助球队获得至关重要的一分。

疯狂的热情让贝特格有如神助，他至少在3个方面得到了改善：第一，他忘记了恐惧和紧张，掷球速度比赛前预计的还要出色；第二，他"疯狂"般的奔跑感染了其他队友，他们也变得活力四射，让球队首先在气势上压制了对方；第三，在闷热的天气里比赛，贝特格的感觉出奇地好，这在以前是从来没有过的。

从此，贝特格每月的薪水涨到了185美元，他知道，这一切都是自己的努力得来的。

由此可见，热情和工作干劲的重要性。而且，有无热情不仅仅关乎自己，还影响到他人。没有任何一个人愿意与一个整天无精打采的人打交道，也没有任何一家公司的老总会提拔一个在工作中萎靡不振的员工。一个人在工作的过程中萎靡不振，不但会降低自己的工作能力，还会对他人产生负面影响。

点燃你的生命之火

在西点人看来，热忱就是生命之船的风帆，没有它，生命就缺乏足够的力量。无论是在学校还是在战场上，热忱就是西点人克敌制胜的法宝，他们嘹亮的口号，整齐划一的动作，都是对军队和职责的拳拳之心，是热忱的外在体现。

对于一个人来说，热忱和积极心态以及他成功过程之间的关系，就好像汽油和汽车引擎之间的关系：热忱是行动的动力，他可运用积极心态来控制自己的思想，也可以运用积极心态来控制自己的热忱，使它能不断地注入你心灵引擎的气缸中，并在气缸内被明确目标发出的火花点燃并爆炸，继而推动信心和个人进取心的活塞。

热忱是一股力量，它和信心一起将逆境、失败和暂时的挫折转变成为行动。然而此一变化的关键，在于你控制思维的能力，因为稍有不慎，你的思绪就会从积极转变成消极。借着控制热忱，你可以将任何消极表现和经验转变成积极表现和经验。

热忱对你潜意识的激励程度和积极心态的激励程度是一样的。当你的意识中充满热忱时，你的潜意识也同时烙上一个印象，那么你的强烈欲望和为达到欲望所拟订的计划是坚定不移的；当你对热忱的认识变得模糊不清，你的潜意识中仍然留存着对成功的丰富想象，并会再次点燃残存在意识中的热忱火花。

没有热忱的人，就像没有发条的手表一样止步不前。一位神学教授说："成功、效率和能力的一项绝对必要条件就是热忱。"热忱在希腊文中是"神在你心中"的意思，一个缺乏热忱的人无法赢得任何胜利。为了使你对目标产生热忱，你应该每天都将思想集中在这个目标上，如此日复一日，你就会对目标产生高度的热忱，并愿意为它奉献。

"情绪未必会受理性的控制，但是必然会受到行动的控制。"积极的心态和积极的行动可升高热忱的程度，你必须为你的热忱制定一个值得追求的目标；一旦你将你的热忱导向成功的方向，它便会使你朝着目标前进。

热忱的力量真的很大，当这股力量被释放出来支持目标，并不断用信心补充它的能量时，它便会形成一股不可抗拒的力量，足以克服一切贫穷和不如意。热忱给我们的积极力量是巨大的，一般而言，有以下几点：

（1）增加你思考和想象的强烈程度；

（2）使你获得令人愉悦和具有说服力的说话语气；

（3）使你的工作不再那么辛苦；

（4）使你拥有更吸引人的个性；

（5）使你获得自信；

（6）强化你的身心健康；

（7）建立你的个人进取心；

（8）更容易克服身心疲劳；

（9）使他人感染你的热忱。

但是，任何事物都有两面性，热忱有积极的作用，也会有消极的后果。热忱失控可能会使你垄断谈话的内容，如果你一直谈论自己，其他人就会降低和你谈话的意愿，拒绝给你帮助和建议。所以，必须要牢记，不要使自己的热忱蒙蔽了判断力，切勿因为你认为某项计划很好，就把它泄露给你的竞争对手。如果你能看出它的价值，别人同样也看得出来。在你所拟订的计划还需要其他资源或环境配合之前，切勿匆忙付诸实施。更不能把你的热忱用错了方向，比如沉迷于打牌或打麻将，你可以做一些健康有益的消遣活动，像钓鱼或读些益智书籍之类。当然，一切都要适可而止。

好的热忱能催人奋进，不恰当的热忱则会延误事情的发展，那么，我们应该怎样正确地培养自己的热忱，引爆内心成功的潜能呢？以下就是一些健康有益的培养热忱的方法：

（1）制定一个明确目标。

（2）清楚地写下你的目标、达到目标的计划，以及为了达到目标你愿意做的付出。

（3）用强烈欲望作为达成目标的后盾，使欲望变得狂热，让它成为你脑子中最重要的一件事。

（4）立即执行你的计划。

（5）正确而且坚定地照着计划去做。

（6）如果你遭遇到失败，应再仔细地研究一下计划，必要时应加以修改，别光只因为失败就变更计划。

（7）与你求助的人结成团队。

（8）断绝使你失去愉悦心情以及对你采取反对态度者的关系，务必使自己保持乐观。

（9）切勿在过完一天之后才发现一无所获。你应将热忱培养成一种习惯，而习惯需要不断地补给。

（10）抱着无论多么遥远你必将达到既定目标的态度推销自己，自我暗示是培养热忱的有力力量。

（11）随时保持积极心态，在充满恐惧、嫉妒、贪婪、怀疑、报复、仇恨、无耐性和拖延的世界里不可能出现热忱，它需要积极的思想和行动。

以上就是培养热忱的方法，但仅有方法还是不够的。培养热忱的目的是让热忱作为你人生成功的推动力。假如你无法在实践中不断刺激和积累，先前培养起来的热忱将慢慢消磨殆尽，所以我们还要学会一些简单的刺激练习：

首先，你应该热忱地行动。

自信地和他人握手，以明确的言辞回答问题，坚定地主张你的观念和建议所具有的价值。理想的情况是以自己的热忱，使这些行为都变成自动自发的反应，如果你能有意识地执行这些行为的话，你将会看到积极结果，而这又会再燃烧热忱的火花。

其次，你应该做好热忱的日志。

你的热忱高涨时，可将它记在记事簿里，记录激发热忱的环境，以及因为热忱而表现出来的举动：你会因为被激励而展开行动吗？你解决问题了吗？你说服某人了吗？同样的，在记事簿中记入你的明确目标和达到目标的计划，每当你的热忱高涨时就把它记下来。这不但会提醒你出现热忱的原因，还能使你回顾热忱所带来的好处。

热忱就像一个螺钉，它会向内转或向外转，也会上升或下降。当热忱的螺旋转错方向时，不妨回顾一下你的记事簿，及时予以纠正。

最后，你应该做一些"办得到"的工作。

"办得到"的工作，是你知道你能做得既好又快的工作。你应该使这项工作和你的明确目标发生关系，以使它帮助你，导引并且控制你的热忱。例如你有一家五金行，你的责任虽不是照顾销售柜台，但你却对销售工作非常感兴趣，这个时候你不妨站到销售的柜台边卖一些东西，以重新振奋一下自己的心情，释放热情的力量。

其实，我们之所以如此看重热情的力量，就是因为热情可以引爆你体内的巨大潜能。如果你能用热情激发这种潜能，你就能成就你所期望的一切东西，然而大部分人并不能明了这一点。

我们要相信，在每个人的生命中都有一种永不堕落、永不腐败、永不玷污的东西，一种永远真实、永远清洁的东西，这是一种神性。这种神性，如果能被唤醒，可以在最卑污、腐败的人的生命中，起到发酵净化的作用，恢复他失掉的"良知"；等到他恢复了"良知"，他一定要做正直的事，因为公义、正直、诚实原是每个人固有的良知。

最亲爱的人死去了，这种创痛的经验，可以劈开生命的一条裂缝，使人们望见我们内在的一种为我们以前所梦想不到的力量。有时读了一本励志书，或者听了朋友激励的话语，都可以使人有机会发现真自我。总之，当你有一天看见"内在力"以后，你的为人处世，一定会大异于从前。

当一个人感觉到在自己的生命中，蓄藏着真实、公义的大道时，他会明白，即使全世界都要反对他，他还是要胜利。"自反而不缩，虽千万人，吾往矣！"假使一个人，能够同他内在的神性——那永不死亡、永不生病、永不犯罪的神性维持和谐，他就能得到最大的生命效率、最高的人生幸福。可世界上为何有这么多平凡的人呢？原因之一，就在于他们存活一世，从没有在意识和灵魂的深处，用热情去激发自己的潜能。你可是不甘于平凡的人？如果是，就让自己时刻怀抱热情，让热情引发体内能量的核裂变，你会发现，自己就像一个超人，无论身处何种逆境，面对何种压力，命运如何多舛，你都会用自己的力量，宣告你不再平凡，不再渺小！

拿破仑·希尔告诉我们，热忱能够鼓舞及激励我们每个人。

充满激情地战斗

我们绝大多数人生下来时，条件是相同的，并无优劣之分。后来由于受到不同环境、不同人生经历的磨炼，给予大脑不同程度的刺激，人们才产生了较大差异。

西点总是这样教导学员：不管处境多么糟糕，都要始终热爱自己的职业。以这样一种积极的态度工作，你将取得意想不到的良好效果。因此，西点学员们总是能有一种很好的心态，哪怕被迫去做一些乏味的事情，他们也要设法使它们变得充满乐趣。

在西点，新学员经常被安排去清理宿舍楼里的垃圾，他们不但没有抱怨，而且很高兴。他们认为，这是另一种方法的训练，可以锻炼自己的忍耐力、臂力和全身的协调能力，而这是在平常的训练中没有的。

西点军校上尉艾赛巴克·尼尔曾说："我们从不把西点军校的生活看作是乏味的事情，我们从军事训练中获得更多的意义。"西点学员从学习中找到乐趣、尊严、成就感以及和谐的人际关系，这是他们作为一个合格军人所必须承担的责任。而校方的责任是教会学员们在学习和执行任务中如何获取不断前进的动力。

调动学员的热情是西点军事训练中的核心内容。

西点尤其注重对不同资质的学员进行能力的发掘和引导。教官运用一切方法充分调动学员的积极性，并时时刻刻影响着周围的学员，让他们体会到热爱工作的意义和快乐。可以说西点的教官就是热爱工作的最好典范。西点的教官对自己的训练工作有非常严格的要求，他们在训练新学员的过程中竭尽全力，以满腔热情、爱心和责任心对待每一位学员，学员也能从他们那里受益无穷。

西点军校还从一些细微之处培养学员的积极性。学校学员都要学习解决生活中遇到的问题，譬如补鞋这个看似简单的工作，学员也要把它当作艺术来做，全身心地投入进去。无论是一个小小的补丁还是换一个鞋底，学员们都会一针一线地精心缝补。速记同样是西点所要求的一项基本技能，有一些学员，他们的速记能力很强，而且精神状态良好，能让教官感受到他们工作的愉悦。

西点学员都知道，活着就是为了使自己获得更多的快乐。因此，他们把每天的训练都看作是娱乐或惬意的事情。

近些年来，为了更好地激发学员的激情，西点军校举办了一系列"领导者论坛"，对筹资、团结计划和毕业生事务进行详细讨论。在会上他们喜欢热情洋溢地谈论一些事。他们可能会谈论一场引以为豪的军事战役，或者一场正在进行的慈善活动，或者发生在西点的、毕业生们或赞同或反对的一项变革。

"热情的态度是做任何事的必要条件。任何学员，只要具备了这个条件，都能获得成功。"西点军校赛尔西奥·齐曼将军道出了成功的秘诀。

1918 年 9 月，巴顿指挥美军的坦克兵参加圣米歇尔战役。9月 6 日凌晨 2 时 30 分，战役开始了，经过 3 个小时的炮火准备后，美军在浓雾的掩护下发起了冲击。浓雾虽然有利于坦克的隐蔽，但也挡住了巴顿的视线。于是，他带领 5 名军官和 12 名机械师向炮弹爆炸的方向走去。他们在去的路上，遭到敌人炮火和机枪火力的封锁，他们趴在铁路边的沟渠里隐蔽。惊慌失措的步兵匆忙向后退，巴顿阻止了他们，集合了大约 100 个人。

敌人的炮火稍一减弱，巴顿马上指挥大家以散兵线沿山丘北面的斜坡往上冲。斜坡底下，坦克被两个大壕沟挡住了去路，必须填平壕沟，才能使坦克顺利通过。但敌人不断地射击，士兵们不得不隐蔽起来，所以进攻进度非常慢。

看到这种情况，巴顿立即解下皮带，拿起铁锹和锄头，亲自动手干了起来。敌人仍然不断开火，突然一发子弹击中他身边一个士兵的头部，但他不为所动，继续挖土。大伙被巴顿的勇气所鼓舞，齐心协力，很快就将壕沟填平了。5 辆坦克越过了壕沟，冲向山顶。

坦克从山顶上消失后，巴顿挥动着指挥棒，高声叫道："我们追上去吧，谁跟我一起冲？"分散在斜坡上的士兵全都站起来，跟随他往上冲。他们刚冲到山顶，一阵子弹就如雨点般猛射过来。大伙立即趴到地上，几个人当场毙命。望着身边的尸体，巴顿大喊:"该是另一个巴顿献身的时候了!"便带头向前冲去。

只有 6 个人跟着他一起往前冲,但很快,他们一个接一个地倒下了,巴顿身边只剩下传令兵安吉洛。安吉洛对巴顿说:"就剩我们两个人了。"巴顿回答说:"无论如何也要前进!"他又向前跑去,但没走几步,一颗子弹击中他的左大腿,他摔倒在地,血流不止。

巴顿的杰出表现使他获得了"优异服务十字勋章"。嘉奖令上写道:"1918 年 9 月 26 日,在法国切平附近,他在指挥部队向埃尔山谷前进中,表现出超乎寻常的复命精神和责任感。然后,他将一支瓦解了的步兵集合起来,率领他们跟在坦克后面,冒着机枪和大炮的密集火力前进,直到负伤。在他不能继续前进时,仍然坚持指挥部队作战,直到将一切指挥事宜移交完毕。"

西点军校的戴维·格立森将军说:"要想获得这个世界上最大的奖赏,你必须将梦想转化为有价值的献身热情,以此来发展和展示自己的才能。"巴顿将军就是如此。

这给我们的启示是,当一个人热情高涨地开展工作时,他的决心就会更大,工作效率也会更高。当我们满怀激情地工作时,我们会惊喜地发现,原来工作是一件充满乐趣的事情。我们再也不会把它当成一件苦差事,也不会为成功的迟迟不露面而懊恼。因为我们知道,有激情的地方,一定会有成功。

爱默生说过:"有史以来,没有任何一项伟大的事业不是因为热忱而成功的。如果一个人以精益求精的态度、火热的激情充分发挥自己的特长来工作，那他做什么都不会觉得辛苦。"热忱的态度是我们工作能否成功的重要因素，情绪动力是促成我们前进的力量。

这个世界为那些具有真正使命感和自信心的人大开绿灯，到生命终结的时候，他们依然热情不减。无论出现什么困难，无论前途看起来多么的暗淡，他们总是相信自己能够把心目中的理想图景变成现实。

热忱是工作的灵魂，是生活本身。每个人都不是为了生存而工作的，而是将负责当成事业，把工作当成人生的一部分，充满激情地投入，从中收获乐趣与意义。这样的人离成功最近，也离人生的幸福最近。

第十三条　停止空谈，立即行动

积极主动地面对每一件事

一位将军到西点演讲时说："你不要以为机会是一个到你家里来的客人，他在你的家门口敲门，等待你开门把他迎接进来。假如你不主动找他，他永远不会惠顾你。"

与许多人谈话的时候，听到最多的是"没有机会"的推诿，是不敢行动的胆怯。作为一名军人，不自动自发就是自动放弃，白白放走赢的机会。西点人明白：如果一直坐等机会，人的一生将永远不会比别人过得更好。

西点告诉它的学员：不主动出击，你就永远没有赢的机会。在战场上，不先发制人就会受制于人。生活中的所有事情都是这样，没有积极主动的进攻精神就不可能在竞争中赢得主动的地位。主动出击才能适应变化多端的现实社会，消极被动只会让你沉溺于困境之中。

1944 年，巴顿将军率领第三集团军在法国长驱直入，占领了

西点军校 22 条军规

蒂利堡，包围了维特里勒弗朗索瓦、夏龙和兰斯。他费了九牛二虎之力才说服布雷德利将军继续向默兹河进攻。在巴顿看来，8月29日是这场战争中生死攸关的日子。他命令埃迪的第12军向科默西行动，命令沃尔克的第20军朝瓦尔登迅速前进，必须赶在德军尚未派兵进驻之前，渡过默兹河。

可是到了29日，巴顿将军突然接到报告说，预定在那天到达的14万加仑的汽油没有送到。他最开始还以为，这不过是为了减缓他前进的步伐而搞的一个鬼名堂。后来才发现情况并不是这样，汽油推迟到达的原因是最高统帅部改变了计划，所有的补给品——汽油和弹药都被投入到了另一个进攻方向——北方。

巴顿将军大为恼火，他认为如果就此停止，将是整个战争中的重大错误。这意味着无数优秀士兵将牺牲在之后的渡河战斗中。当然，第三集团军不仅没有得到原来预定的汽油补给，实际上，在那之后连一滴汽油也没有得到。

巴顿将军就径直来到最前线的指挥所，他直接用电话下令，命令部队把3/4坦克的汽油集中抽调出来，使用另外1/4的坦克向前开进。所有部队继续前进，直到坦克跑不动为止，然后，再爬出坦克，步行前进！

巴顿将军再三强调，渡过默兹河的命令是强制性的。战争的教训告诉他，地面部队必须坚持不懈地、残酷无情地向前推进。多流一品脱汗水，少流一加仑鲜血。战局的发展最终证明巴顿将军的正确和英明。

"二战"时期，盟军总司令艾森豪威尔总是说，任何人都能在地图上画出一个进攻的箭头，问题是谁来实现它。也许实现这些箭头的，正是许许多多像巴顿将军一样积极主动的军官和士兵。

巴顿将军的故事给了我们这样的启示：成功者之所以能成功，就在于他们从来不跟在别人后面，他们总是在感觉没有机会的时候就去寻找另一条通往成功的路。生活中，很多人失败就是因为他们总是相信过去，从不盼望未来，不去主动创造。

在西点，约翰·拉姆森将军深信："每天多做一点的学员将从他的同学中脱颖而出，这个道理对于学员和军官都是一样的。这样，上司才会更加信任你，赋予你更多的机遇。"

杰克·齐尔斯曼中校认为，学员使自己的能力得到提升的最好方法是，在做好分内事的同时，多为西点军校做事。这不但可以表现学员勤奋的品德，还可以培养学员的综合能力，增强学员的生存能力。

罗杰斯·奈斯上尉指出："如果学员想取得像教官今天这样的成绩，那就只能比教官更积极主动地学习训练。"正是这种积极主动的精神塑造了永远进步、始终卓越的西点军校，培养了那么多优秀人才。

让行动决定一切

"说一尺不如行一寸"，只有行动才能缩短自己与目标之间的距离，只有行动才能把理想变成现实。西点军校就深谙这一点，以行动为准则，用实际说话。

西点军校流传着这么一个老故事，讲的是一位长相粗犷的士兵在别人围坐在营火旁讲述自己的大无畏故事、吹嘘自己的个人成就时，他却在拨着营火的余烬。尽管这位沉默的士兵什么故事也没讲，其他人对他却怀着同样的敬重。之所以这样，是因为他摒弃了自我吹嘘的机会，而用实际行动对每个人做着贡献。

所以，西点人把少说话、多做事奉为行动的准则，通过脚踏实地的行动，完美复命，提升自我。而且，只停留在"想"的阶段永远不可能有所成就，只有立即行动才能获得成功。

1973 年，布雷德利获得塞耶奖发表演讲时，反复要求西点学员要学会踏踏实实地做事，绝不迟到、绝不拖延。在西点的游泳救生训练中，学员们最害怕的一个动作是：穿着军服、背着背包和步枪，从近 10 米的高台上跳进游泳池，然后在水中解开背包，脱掉皮鞋和上衣，把这些东西绑在临时的浮板上。尽管学员们事前都反复演练过每一个动作，但是真到了要往下跳的那一刻，大部分人还是会迟疑，走到跳板尽头之后就会停下来。当然，学员是绝不会退缩的，因为那意味着被勒令退学。尽管有些犹豫，他们最终还是会行动起来，纵身跃下，相信这成功一跃之后的兴奋之情是无法言说的。行动产生了信心，信心又促进了行动。在西点，行动指引着一切。

洛克菲勒曾说："不要等待奇迹发生才开始实践你的梦想。今天就开始行动!＂行动是治愈恐惧的良药，而犹豫、拖延将不断滋养恐惧。

为此，西点军校创造了一个理想的教育环境，在这个环境中，学员并不是随随便便无论什么时候想在图书馆都行，他必须在规定的时间里尽最大努力做完规定的事。他必须今日事今日毕，绝不能将任何事情拖到第二天。＂绝不将任何事情拖到第二天＂的要求，使学员自觉适应军校生活、自觉完成规定课程，自我提升的意识也明显增强。

在西点军校，每个学员都有责任了解军官基本素质培训的标准，并严格按规划要求达到这个标准。在第一学年里，学员要熟悉4年教育计划的主要条款。教官要与学员共同研究具体落实目标。就拿军事教育计划来说吧，战术教官将在秋季学期中与每个一年级学员讨论具体实施问题。学员要正确估算自己的信念、价值和信仰，对要达到的目标和标准作出承诺。在第二学年里，学员通过承担一定的责任和领导职务（如在野外训练中担任上士、副班长、营区值日员等），以及行使增加的特权，加深对自我约束重要意义的认识。西点人对个人负责需要毫不含糊，对更大范围的事情负责更要毫不马虎，中规中矩，表现出军人的干净利落。

＂绝不将任何事情拖到第二天＂，这是严格的军人准则，也是战争需要的准则。迅捷、及时、准确是军事活动中最宝贵的概念。就作战而言，只有快速、准确才能出其不意，攻其不备，使敌人措手不及，才能把握战机，争取主动，稳操胜券。

西点人就像卓越的职场人士一样，喜欢用实际行动来表现自己，而非空洞的语言和虚假的宣传。因为他们相信，只有行动才能更好地说明一切，才能赢得真正的胜利。

所以，职场中的我们，要积极行动起来，只有积极行动，才能脱颖而出，同时，要学着马上行动。只有马上行动才能把握这一切。

迈克是伦敦一家公司的基层职员，他的外号叫"奔跑的鸭子"。他总像一只笨拙的鸭子一样在办公室飞来飞去，即使是职位比迈克还低的人，都可以支使迈克去办事。后来，迈克被调入销售部。一次，公司下达了一项任务：必须完成本年度500万美元的销售额。

销售部经理认为这个目标是不可能实现的，开始私下里怨天尤人，并认为老板对他太苛刻。迈克却没有这样，他从不抱怨，只知埋头苦干，距年终还有1个月的时候，他已经全部完成了原定的销售额。其他人可就没迈克那么幸运了，他们只完成了目标的50%。羞愧难当的经理主动提出了辞职，而迈克被任命为新的销售部经理。"奔跑的鸭子"迈克在上任后忘我地工作。他的行为感染了其他人，在年底的最后一天，他们竟然完成了剩下的50%。后来，该公司被另一家公司收购。新公司的董事长第一天来上班时，亲自任命迈克为这家公司的总经理。因为在双方商谈收购的过程中，这位董事长多次光临公司，这位"奔跑的鸭子"给他留下了深刻印象。从不抱怨、只知执行的迈克不但给公司带来了丰厚的利润，也给自己带来了美好的前程。

或许你也会经常问：成功的秘诀是什么？答案很简单，就是像迈克那样执行任务，无条件地执行，马上执行。"一等二靠三落空，一想二干三成功。"成功的秘诀往往就是这么简单。

在一次众多企业老总举办的管理沙龙上，主持人做了这么一个测验，要求参与人员在20分钟内，将一份紧急材料送给某报社社长，并请他在回条上签字。主持人特别申明：不得拆看信中材料。在这次测验中，有一名会员大胆地打开了资料袋，发现是个空信封，然后提出了若干批评意见。主持人问各位受邀嘉宾："作为一名执行者，你认为他这样做，对吗？"在场的老总回答的内容虽然五花八门，但几乎所有的人都回答："打开信封是不对的，绝对不能看。"

在公司里，一名执行人员可以在执行任务之前尽量了解事实的背景，但一旦接受任务就必须马上执行。领导的命令，有的可以与执行者沟通，讲清理由；有的不行，有一定的机密，只要去做即可。

弱者等待机会，强者创造机会

西点军校前校长佛雷德·W.斯莱登说："在人生的战场上，

幸运总是光临到能够努力奋斗并抢占先机的人身上。"凡是在世界上做出一番大事业的人，往往不是那些幸运之神的宠儿，反而是那些"没有机会"的苦孩子。

例如，只有划水轮的福尔顿，只有陈旧的药水瓶与锡锅子的法拉第，只有极少工具的华特耐，用缝针机梭发明缝纫机的霍乌，用最简陋的仪器开创实验壮举的贝尔……是他们推动了世界文明的进步。

在人类的历史中，再没有一件事比那些人们在困境中达到成功的故事更为神奇的，这些故事讲述了人们怎样在黑暗中摸索，最终达到光明的境地；怎样久困于痛苦与贫困之中，不断摸爬滚打与奋斗，克服艰难险阻，取得最后胜利。它们讲述了那些人如何在普通的岗位上化平凡为伟大，以及那些仅具有一般天赋的人如何靠着坚强的意志，经过不断的努力而最终成就大业的故事。

"没有机会"永远是那些失败者的托辞。当我们尝试着步入失败者的群体中对他们加以访问时，他们中的大多数人会告诉你：他们之所以失败，是因为不能得到像别人一样的机会，没有人帮助他们，没有人提拔他们。他们还会对你叹息：好的地位已经人满为患，高级的职位已被他人挤占，一切好机会都已被他人捷足先登。总之，他们是毫无机会了。但有骨气的人却从不会为他们的工作寻找托辞，他们从不怨天尤人，他们只知道尽自己所能迈步向前。他们更不会等待别人的援助，他们自助；他们不等待机会，而是自己制造机会。

亚历山大在打完一次胜仗后，有人问他，假使有机会，他想不想把第二个城邑攻占。"什么？"他怒吼起来，"即使没有机会，我也会制造机会！"世界上到处需要而恰恰缺少的，正是那些能够制造机会的人！

等待机会而至成为一种习惯，这真是一件危险的事。工作的热心与精力，就是在这种等待中消失的。对于那些不肯工作而只会胡思乱想的人，机会是可望而不可即的。只有那些勤奋工作的人，不肯轻易放过机会的人，才能看得见机会。

伟大的成就和业绩，永远属于那些富有奋斗精神的人们，而不是那些一味等待机会的人们。应该牢记，良好的机会完全在于自己的创造。如果以为个人发展的机会在别的地方，在别人身上，那么一定会遭到失败。机会其实包含在每个人的人格之中，正如未来的橡树包含在橡树的果实里一样。

如果抱着"我没有机会"的念头，这位生长在穷乡僻壤茅舍里的孩子，怎会进了白宫？怎会成为美国总统？而同一时代那些生长在有图书馆和学校的环境中的孩子，其成就反不如茅舍里的苦孩子，这又如何解释呢？再看那些出生于贫民窟的孩子们，有的不是做了议员吗？有的不是做了大银行家、大金融家、大商人了吗？那些大商店和大工厂，有许多不就是由那些"没有机会"的孩子们靠着自己的努力而创立的吗？

因此，没有机会，就要创造机会。

拿破仑·希尔曾经聘任了一个专门替他阅读、分类及回复他的大部分私人信件的年轻小姐为自己的助手，她的工作就是听希尔口述，记录信的内容。希尔给她的报酬和其他从事类似工作的人大体相同。一次，希尔口述了一句格言，并让她用打字机把它打下来。这句格言是："注意，你唯一的限制就是在你的脑海中为自己所设立的那个限制。"然而，令希尔没有想到的是，当那位小姐拿着打好的纸张交给希尔时，她说："你的格言很有价值，它使我产生了一个想法。"这件事并没有引起希尔的足够重视，但是自从那天起，那位小姐开始在用完晚餐后回到办公室从事一些根本不是她分内的也没有任何报酬的工作。并且她开始把写好的回信送到拿破仑·希尔的办公桌。她已经把希尔的风格研究得非常清楚了，每封信都回复得和希尔写得一样好，有时甚至比希尔自己写得更好。

　　后来，他的私人秘书因故不得不辞掉工作，希尔在考虑找一个人来替补他的男秘书时，他本能地想起了那位年轻的助手。可是在希尔还没有授予她这个职位之前，她已经熟悉了这个职位。这是因为她在自己的额外时间且在没有任何报酬的情形下对自己加以了训练，终于使自己具备了出任希尔属下人员中最好的职位的资格。这就是那段话的作用。更有趣的情形还在后面，这位年轻小姐的办事效率实在是太高了，不可避免地被其他一些人所注意，都为她提供一个很好的职位并且附带特别高的薪水来聘任她，这使得希尔不得不提高她的薪水，这位年轻小姐的薪水已经比她来时高出了 4 倍。希尔只能这样做，因为这位小姐的身价现在不能和往昔相比了，最重要的是她使自己对希尔的价值增大了，失去她这个助手将会是一大损失。

探究这位小姐成功的原因，就是她自身所具有的那种强烈的进取心。这种强烈的进取心除了使她的薪水一次次提高外，还给她带来了一个莫大的好处：正是她自身已经具备了进取心的良好美德，才使她所做的一切工作，都不是在命令驱使下的被动行为，而是积极主动地去做，所以她干工作时不会有那种被动得不得已的感觉，而是表现出一种非常愉悦的感觉。她的工作已经不是原来意义上的工作了——而已经成为一个极为有趣的游戏，她充满兴致地去玩。她经常第一个来到办公室，而且在其他同事一听到下班的钟声就离开办公室时，她还留在办公室里，工作时她给同事的感觉是快乐而又高效的。因为对于特别喜欢自己的工作的人来说，工作常常是一种享受。

第十四条 永不满足于现状

不断学习是成功人士的终身承诺

西点军校的约翰·科特上尉说:"勇敢地面对挑战,并且大胆采取行动,然后坦然地面对自己。检讨这项行动之所以成功或失败的原因,你会从中吸取教训,然后继续向前迈进,这种终生学习的持续过程将是你在这个瞬息万变的环境中的立足之本。"西点告诉学生,在学校里获取教育仅仅是一个开端,其价值主要在于训练思维并使其适应以后的学习和应用。西点告诉学生要把握生命的每分每秒,把学习当成终生的事业来做。

一切事物随着岁月的流逝都会不断折旧,人们赖以生存的知识、技能也一样会折旧。唯有虚心学习,才能够掌握未来。毕业于西点军校的 ABC 晚间新闻主播彼得·詹宁斯,在当了 3 年主播之后,作了一个很大胆的决定——他辞去了人人艳羡的主播职位,决定到新闻第一线去磨炼记者的工作技能。经过几年的历练之后,他才又回到 ABC 主播的位置。

虽然可以说西点学员是在最好的军校受训,但是他们仍有很强的危机感。不被社会认可或被淘汰掉，这不仅是学员自己不能忍受的，也是西点军校不能接受的，因为，西点只意味着成功和进步。

成功的团队是没有失败者的，因为团队的力量来源于团队中的每个人。大家相互学习，相互促进，团队就能够实现个体无法达到的高度。学习力，不仅能促进个人的成长，更使得团队的力量要远大于个体之和，学习力能打造出最具竞争力的团队。

企业管理者一定要看到企业持续发展的原动力。企业就是一棵大树，树枝上硕果累累，产品种类很多，市场反应很好，企业有很大的产值和丰厚的利润。这时候，很多企业管理者就会被企业的发展现状陶醉，沾沾自喜，却没有人看看这棵树的根怎么样。根是什么？就是学习力，这才真正是一个企业的生命力之根、竞争力之根。如果企业的根基不牢固，那么眼前再好的美景也将是昙花一现，很快就会烟消云散。因此，一个企业暂时的辉煌并不能说明其有足以制胜的竞争力。企业只有具备很强的学习力才能具有真正的竞争力，才能在以后可能日益猛烈的竞争态势中获得一个又一个胜利。

英特尔总裁格鲁夫说："在这个快速变化的环境中，面对这么多强劲的对手，为什么我们始终能保持这样的竞争力？因为我们清楚地意识到当今世界唯一不变的只有一个——变化。所以当今世界企业之间的竞争本质上是学习速度的竞争。我们要想有持久的竞争力，唯一的办法就是比别人学得更快。"

但并不是所有的企业都认识到了这个"浅显"的道理。

学习不是简单的"1+1"，而是取得惊人的团队能量。有人做过研究，成吉思汗所拥有的那支战无不胜的千里马马队，其实并非是一支由真正的千里马组成的骑兵部队。他们每一个士兵所拥有的只是2到4匹普通的战马，只不过在行军过程中，战马轮流使用，这样就可以保证不使单匹战马过度疲劳，同时还能保证整个马队持续快速前进。他们把普通的战马"嫁接"起来，发挥出"千里马"的超强功能，使军队长期保持旺盛的战斗力。

英国著名作家萧伯纳有一句名言："两个人各自拿着一个苹果，互相交换，每人仍然只有一个苹果；两个人各自拥有一个思想，互相交换，每个人就拥有两个思想。"一个团队学习的过程，就是团队成员思想不断交流、智慧之火花不断碰撞的过程。如果团队中的每个成员都能把自己掌握的新知识、新技术、新思想拿出来和其他团队成员分享，集体的智慧势必大增，就会产生1+1＞2的效果。团队的学习力就会大于个人的学习力，团队智商就会大大高于每个成员的智商，整体大于部分之和。

一个企业要想提高整体的竞争能力，唯一的途径就是使企业真正变成一个学习型组织。《第五项修炼》的作者圣吉在书中明确指出："当今世界复杂多变，企业不能再像过去那样只靠领导者一夫当关、运筹帷幄来指挥全局。未来真正出色的企业将是那些能够设法使各阶层员工全心投入并有能力不断学习的组织。"学习已经越来越成为企业保持不败的动力之源。当代企业的发展更证明只有比你的竞争对手学得多、学得快才能保持你的竞争优势，才能永葆领先。

世界上著名企业的发展，无一离不开"学习"二字。美国排名前25位的企业中，有80%的企业是按照"学习型团队"模式进行改造的。国内很多企业也通过创办"学习型企业"而给企业带来了勃勃生机。给人一条鱼，只能让他吃一次；教会他钓鱼，才能使他一辈子不会挨饿。作为团队领导，不但要自己会钓鱼，还要教会员工钓鱼。并在团队中创建一种轻松和谐、相互学习、团结协作、分享创新的氛围！使整个团队成为一种学习型的团队，才能使这个团队在竞争日益激烈的市场大潮中立于不败之地。

通用电气总裁韦尔奇认为领导应该是"同时作为教练、启蒙者以及问题解决者来为企业增加价值，因为成败而接受奖励和承担责任，而且必须持续地评价并强化本身的领导角色"。他认为，一个优秀的领导者应该带领团队持续学习。企业要想在发展过程中不断超越自我，不断地提高竞争能力，不断地扩展企业发展中真正心之所向的能力，首先应激发企业内员工的个人追求和不断学习的意愿，从而使之形成一个学习型组织。企业一旦真正地开始学习，定会产生出色的效果，而作为团体中的人也会快速地成长起来，企业的内功更会不断强化。

通用电气正是通过建立学习型组织保持企业竞争优势的典范企业。通用电气公司是美国纽约道·琼斯工业指数自1896年创业以来唯一一家至今仍榜上有名的企业。在过去 20 年中，通用电气给予股东的平均回报率超过 23％。通用在克罗顿维尔建立了领导才能开发研究所，每年有 5000 名领导人在这里定期研修，《财富》杂志称其为"美国企业的哈佛大学"。在那里，没有职务的束缚，可以不拘形式地自由讨论。每周都有 100 多名职员在这里集合，听取企业生产、经营和管理等方面的课程。在韦尔奇的领导下，通用电气领导层变成了一个不断创新、富有成效的领导团体。他们能进一步推动工作，倾听周围人们的意见，信赖别人的同时也能够得到别人的信任，能够承担最终的责任。通用电气的成功源于一个强有力的学习型组织以及由此产生的独特的学习文化，进而提高了通用电气在世界市场的占有率并使其长盛不衰。

有所作为的管理者应该向通用电气学习，在自己的企业建立学习型组织。善于不断学习，这是学习型组织的本质特征。所谓"善于不断学习"，主要有四点含义：强调"终身学习"——组织中的成员均应养成终身学习的习惯；强调"全员学习"——企业组织的决策层、管理层、操作层都要全心投入学习，尤其是经营管理决策层，他们是决定企业发展方向和命运的重要阶层，因而更需要学习；强调"全过程学习"——学习必须贯彻于组织系统运行的整个过程之中；强调"团队学习"——不但重视个人学习和个人智力的开发，更强调组织成员的合作学习和群体智力（组织智力）的开发。在学习型组织中，团队是最基本的学习单位。

学习就是生产力，让你的员工学起来，你的员工才能具有更大的生产能力，你的企业才能获得更大的经济效益。组织员工学习，建立学习型组织，对企业而言，只是小额投入，而这种投入带来的回报绝对是惊人的，并且是持续的。聪明的管理者会用学习来打败对手。彼得·圣吉的《第五项修炼》引领了企业软件再造的潮流。书中提到，学习型组织必须具有并能够不断强化以下五项修炼技能：

（1）自我超越。鼓励组织所有成员持续学习并扩展个人能力，不满足并突破现有的成绩、愿望和目标，创造出组织想要的结果。

（2）改善心智模式。所谓"心智模式"，即由过去的习惯、经历、知识结构、价值观等形成的、固定的思维方式和行为习惯。

（3）建立共同愿景。

（4）团队学习。完善的培训系统对企业的发展固然重要，但不能将团队学习简单等同于培训。培训意味着员工被动接受教育，而团队学习意味着互动，意味着组织的各层次都在思考，而不是只有高层领导在思考，其追求的是一种群策群力的组织机制，试图通过群策群力，让团队发挥出超乎个人才能总和的巨大知识能力。

（5）系统思考。学习型组织成员应具有全局意识，学会进行系统思考。正如马列主义所教导的一样，系统思维即从具体到综合、从局部到整体、从结果到原因，看问题应避免"只见树木，不见森林"，其倡导的是一种全方位的思考方式。进行系统思考修炼，即要求我们应以系统的、联系的观点去看待组织内部间以及组织与外部间的关系。

以人为师与以书为师同等重要

西点军校成立之命令签署人汤玛斯·杰弗逊说："每个人都是你的老师。"西点的每一门课程，授课老师在其专业领域都是具有实务经验的。教授军事历史的老师，是亲自参与过军事行动、创造历史的人；国际关系的老师就来自于外交界；教作文的老师，也是派驻过全球各地，担任过多年公关幕僚的军官。这些教师带来丰富的实务经验，与理论相辅相成。

西点的教师会让学生们明白，做一个军事指挥官，并不是只要雄赳赳、气昂昂就可以，军事将领同样需要博学多识。西点教官最常讲的就是巴顿将军的故事。巴顿将军在沙漠里看到隆美尔向他的部队走过来，第一句话并不是说："隆美尔，我要把你宰了"，而是兴奋地大叫："隆美尔，你这只老狐狸，我读过你的书！"

每个人都应在合适的范围内，寻找能弥补自己弱点及不足的老师。因为我们需要成长，需要不断地发挥潜能去实现自我价值，而教师的经验及智慧又使我们尽可能赶超别人，尽快实现自我的捷径。尊重有经验的人，才能少走弯路。

有一位企业家，毕业于"什么都没学"的哲学专业，没有一技之长。"身无长技"反而给了他最大的"特长"，那就是有什么问题都要去请教人，什么事都要找专家。比如，对这些年飞快更新换代的计算机，显然不如小青年掌握得快，有什么不懂的，他会很虚心地向员工求教，丝毫没有老板的架子。

不是每个管理者都能做到这位哲学出身的老板的谦虚，管理者最容易犯的毛病就是自以为是，不能虚心听取不同意见，尤其是不能虚心听取比自己职务低的人的不同意见，甚至觉得自己的地位是高高在上，不可侵犯的。

有一位知名民营企业的老板，高薪聘请了一位"海归"来管理自己的企业，可是后来却辞退了这位"海归"，主要原因是老板注意到这位"海归"管理者平时在企业里面连与同事打招呼寒暄都不会。老板就担心起来了，如果连这个都做不好，那么以后怎样与其他同事合作呢？

其实，这位"海归"怎么会连最简单的与人打招呼都不会呢？可能他只是遇到老板才会主动热情，我们在企业中不难发现这种现象，许多企业的管理者，在企业里面是不主动与别人打招呼的，他们会错误地觉得主动与下属打招呼是种有失身份的象征。

苏格拉底说："我知道自己几乎一无所知。"这正是一种谦虚向别人学习的良好品质。在"学习"两字面前，任何人都是老师。管理者一定要忘记自己的身份，放下架子，完全从学习的角度出发，向比自己的知识更渊博的人学习。

美国《福布斯》杂志网站曾经报道了一个少年创业成功的案例，主人公名叫卡梅隆。1994 年，卡梅隆只有 9 岁，他开始了人生的第一笔生意，通过替父母向他们的好友发送节日邀请，他从父母那里获得了一笔小小的酬金。11 岁那年，他通过销售问候卡片积蓄了数千美元，并给自己的公司取名为"欢乐与眼泪"。

12 岁时，他花 100 美元购得妹妹积攒的全套 30 个"豆豆娃"，并将这些娃娃通过 eBay 网站销售，从中获得了 10 倍收益。他从中发现了商机，立即批量购进"豆豆娃"，通过"电子港湾"和"欢乐与眼泪"进行网络销售。这使他在不到一年时间里就积蓄了 5 万美元。

随后他用这笔钱作为本金，创办能为客户保密个人信息的 My E-Mail 邮件服务系统。两年后，该系统每月盈利 3000 美元。1997 年，他与另外两个年轻人合伙，创办 Surfingpries 网络广告公司，获取巨额利润。卡梅隆说："高中毕业前，我的资产已超过 100 万美元。"

当别人询问他成功的原因时，他的回答是：学习，每时每刻都要准备学习。在他的眼里，每个人都是老师，每个人都有比自己强的地方，通过学习别人的长处和优势，将这些长处和优势复制到自己身上，自己就会变得更加强大。他的成功并不仅仅依靠机遇和商业头脑，更在于他的学习能力。

所谓"闻道有先后，术业有专攻"，管理者要学会向下属请教，自己不熟悉的东西，下属就有可能熟悉，那下属就是自己的老师。日本有句成语说："问是一时之耻，不问是一世之耻"，也就是说如果因为怕一时之耻而不向别人请教，那么一辈子都因无法搞懂这个问题而蒙羞。管理者如能做到不耻下问，不仅能拓宽自己的知识面，更能博得下属的信任感和好感，何乐而不为？

当代西方管理学者领导力大师、美国南加州大学教授本尼斯在他的名著《成为领导者》中，写有"学习＝领导"的等式。管理者是学习者的观点，也得到了很多企业家的认同。在当今严峻的形势下，学习已经成为不可忽视的一种需要，知识经济的增长带动的整个世界的变化，优秀的企业管理者需要不断地更新知识，才能更好地应对各种突发起来的状况。

学习能力是一切能力之母

如果不继续学习，就会使我们无法适应急剧变化的时代，面临被淘汰的危险。只有愿意不断学习的人，才能在竞争的优胜劣汰中存活下来，并且生活得很好。可以说，学习能力是一切能力之母，是一切成功之母。只有善于学习、懂得学习的人，才能够赢得未来。

英国的蒙哥马利元帅曾经多次到西点军校访问和演讲，他对学习的浓厚兴趣和执着的精神给西点学子树立了光辉的典范。

据有人观察，蒙哥马利嗜好很少，他不喝酒、不抽烟、不好女色、不爱交际，一生中唯一的兴趣和爱好就是军事；他最关心的就是训练、作战、胜利。正是这种别人无法相比的敬业精神，使蒙哥马利能够在同辈人中出类拔萃，声名卓著。

为了争取到印度服役，蒙哥马利刻苦学习印度的乌尔都语和普什土语，以便与印度士兵沟通联系。为了能使用和管理营里的运输工具，他把野战勤务条令背得滚瓜烂熟，并对有关骡马的知识也做了深入的了解。正是由于这种孜孜不倦的学习态度，使得他在世界军事史上留下了光辉的形象。

为了帮助一个人生存下去，可以给他很多鸡蛋，但是鸡蛋终有尽了的一天；也可以给他几只母鸡，每天下蛋，大概可以让他生存一两年；还可以帮他建立一个养鸡场，并请人管理，除了自己吃，还可以赚点钱。其实，最好的方式是帮助他学会养鸡的技术和管理本领，成为养鸡专业户，从此不仅能够生存下去，而且能够实现可持续发展！所以学习能力才是真正的成功之母。

成功，并不是战胜别人，而是战胜自己。你唯一能够改变的就是自己，你不可能也不可以去阻止别人的进步。而改变自己的唯一途径就是努力地学习，通过学习可以改造内在的品性与能力，从而改变外在的处境与地位。只有战胜自己的人，才是最伟大的胜利者、成功者。"欲胜人者必先自胜。"一个对知识和技能马马虎虎，不把功夫放在自己身上的人，失败是必然的。那么怎样才能学习知识与技能，怎样才能战胜自我呢？答案很简单，那就是充分运用你的学习能力。汤之盘铭曰："苟日新，日日新，又日新。"只有不断运用学习能力，才能达到持续更新、持续发展的高境界。

我们也可以用三段论来推导出我们的结论：成功，取决于人的学识与经验——大前提学识与经验，取决于人的学习能力——小前提归根结底，成功取决于学习能力——结论：所以，学习能力是真正的成功之母。

在知识经济时代，竞争日趋激烈，信息瞬息万变，盛衰可能只是一夜的事情。在激烈竞争中，只有不断学习、善于学习的人，才能具有高能力、高素质，才能不断获得新信息、新机遇，才能够获得成功。如果不能不断提高素质，跟不上时代发展的步伐，个人将会被淘汰，企业将会被淘汰。那么怎样才能避免被淘汰呢？毫无疑问，答案是不断学习、善于学习。

学习是人的一生中一项最重要的投资，一项伴随终身最有效、最划算、最安全的投资。任何一项投资都比不上这项投资。古人尚且懂得"良田万顷，不如薄技在身"的道理，我们难道还不如古人？富兰克林说过："花钱求学问，是一本万利的投资，如果有谁能把所有的钱都装进脑袋中，那就绝对没有人能把它拿走了！"许多人的想法仍未能摆脱老观念的统治——总觉得学习是学校里的事，走出学校后就不需要继续学习了。成年人花几百块钱买一件高级衣服一点不嫌贵，但要从钱包里掏出十来块钱买本书倒觉得不能承受。他们往往舍得在自己的子女身上进行教育投资，却忽视了对自身的教育投资，把对自身投资的重点摆在吃、穿、住和保健上。很早以前，罗曼·罗兰就说："成年人慢慢被时代淘汰的最大原因不是年龄的增长，而是学习热忱的减退。"如果你始终保持学习热忱，在走出校门后继续学习、终身学习，就能获得成功。

学习能力，不仅是每一个人的成功之母，而且是每一个企业的成功之母。美国杰出的管理思想家戴维斯在他与包特肯合著的《企业推手》一书中预言：21世纪的全球市场，将由那些通过学习创造利润的企业来主导。这就要求每个企业都要变成"学习型的企业"。学习能力不仅决定着个人的成败、企业的兴衰，而且推动着国家的进步、社会的发展。一个国家要成为热爱学习、善于学习的学习型国家，使整个民族成为热爱学习、善于学习的学习型民族！只有如此，才能在激烈的国际竞争中取胜。

无论是个人、集体、国家或民族，只有学习才能永远立于不败之地；只有充分运用学习能力，才能无往而不胜。总之，学习是最根本、最通用的成功大法，学习能力是最根本的成功之母。

当然，要想真正使得学习能力成为成功之母，就必须提倡素质学习与终身学习，以此提高学习的质量与周期。

林肯所受的正规教育，总计起来大概只有12个月。1847年他当选国会议员，在填写履历表"你的教育程度如何"一栏时，他只好诚实地写下"不全"两字。林肯被提名为总统候选人时曾说："我的文化程度不高，不过我尚能读书认字，会些算术，在如此贫瘠的知识基础上，能够获得目前这一点小小成果，完全是在基于需要的情况下，时时自修取得的知识。"

在人的一生中，都有接受教育的可能性，而且到了壮年以后，在很多方面的学习甚至比年轻时更有利，因为他积累了更多的经验，具有不同于青年人的判断力，深知光阴的宝贵，更善于利用一切机会来学习。更进一步说，人的一生都是受教育的时间，我们提倡终身教育和终身学习。有许多人在学校时，由于不努力而没能学到多少书本知识。但是到了中年以后，他为了要补救知识上的缺憾，便开始努力用功，最终也能取得惊人的成就。

终身教育，被联合国教科文组织认为是"知识社会的根本原理"，并已成为世界各国制定教育政策的主导思想。它突破了传统教育的定义，动摇了传统教育大厦的基石，带来了整个教育的革命，被认为是"可以与哥白尼'日心说'带来的革命相媲美，是教育史上最惊人的事件之一"。与终身教育相应提出的终身学习，就是指一个人在一生中，要持续不断地学习。

1989 年 11 月，联合国教科文组织在北京召开了"面向 21 世纪教育国际研讨会"。会议的主题之一就是要"发展一种 21 世纪的新学习观"，因为"由于教育技术的进步，即使一个文盲，现在也可能成为一个终身学习者"。它始于生命之初，持续到生命之末，即从摇篮到坟墓，一辈子持续不断。它宣告了"学历社会"的终结，宣告了把人生分为两半——学习和工作（"充电"和"放电"）的传统观念的错误。

1994 年，第三届经济合作与开发组织（OECD）国际讨论会"终身学习——面向未来的战略"在日本召开。同年，在意大利罗马举行了"首届世界终身学习会议"，提出"终身学习是21世纪的生存概念"，强调如果没有终身学习的意识和能力，就难以生存在21世纪。终身学习，成为迎接新世纪挑战的高能武器，越来越受到全世界的高度重视。它理所当然地成为知识经济时代的生存方式。美国第34任总统艾森豪威尔说："才能出众者，才堪担当重任；而努力学习，刻苦训练，是获得才能的唯一途径。"

第十五条　创新才能生存

想象力就是竞争力

　　拿破仑有一次说道："想象力可以统治整个世界。"格林·克拉克也说过："人类所有的天赋之中，最像神的就是想象力。"想象力这种天赋，是人类活动的最大源泉，也是人类进步的主要动力。毁坏了这种天赋，人类将停滞在野蛮的状态中。所以说，一个人一生事业的辉煌成就，完全归功于他能建设性地、积极地善加利用想象力。

　　在竞争激烈的现代社会，似乎能想到的竞争招数都已出齐，然而，如果有足够的想象力，有与众不同的想法，就会有与众不同的收获。

　　美国有位叫米曼的女士。她发现，她穿的长筒丝袜老是往下掉，如果是逛公司或去公司上班，丝袜掉下来是多么尴尬的事，就算偷偷地拉上来也是不雅。她又想，这种困扰，其他妇女也一定会遇到，于是她灵机一动，开了一间袜子店，专门售卖不易滑落的袜子用品。袜子店不大，每位顾客平均可在 1 分半钟内完成现金交易。米曼目前分布在美、英、法三国的袜子店多达120多家。

碰到袜子往下掉的女士何止千千万万，但能够激活灵感要开一间袜子店，解决这小小的尴尬的人却寥寥无几。由此可见，在生活中做个有心人，将会受益无穷。

灵感来源于丰富的想象，它会启发人们创造新意念、新发明。医疗听诊器的发明就是一个激活瞬间灵感的成功典型。

在200多年前，法国医生拉哀奈克一直希望制造一种器具，用来检查病人的胸腔是否健康。有一天，他陪女儿到公园玩跷跷板，偶然发现，用手在跷跷板的一端轻敲，在另一端贴耳倾听，竟能清楚地听见敲击声。这位医生得到启发，回家用木料做成一个状似喇叭的听筒，把大的一头贴在病人的胸部，小的一头塞在自己的耳朵里，居然清晰地听见病人胸腔里发出的声音，这便是世上第一部听诊器。

天才之所以成为天才，是因为在面对别人也能遇到的启示时，他们能迸发出灵感的火花，而别人却依旧茫然。这都是因为他们热爱想象、善于思考的个性使然。因为充满好奇，他们不会想当然，而是发挥其非凡的创造性想象力，激活瞬间的灵感。

人们总认为只有诗人、发明家等人才具有"创造性的想象力"。其实，在做每一件事时，我们的想象力都是创造性的。其中的原因在哪儿以及想象力如何推动创造机能，历代的伟大思想家都无法解答，但他们都承认"想象力都是创造性的"这一事实，而且能善加利用。

因为培育了一种习惯，即借创造性想象力的能力，所以成就了一批又一批伟大的艺术家、作家、音乐家和诗人。他们都是有"敏锐"想象力的人，都知道最好的主意是"灵机一动"而来的这个事实。而且善于倾听到由内而发的"沉稳的内心细语"。

有位伟大的演说家，原本不成气候，直到有一天，他闭上眼睛，并完全依赖创造性想象力，终于臻至化境。被问及他为何在演讲达到巅峰之前闭上眼睛时，他答道："因为只有这样，我才能由内心萌发出点子，再说出来。"

在美国最负盛名的金融业巨子之中，就有一名在作重大决策之前，有把眼睛闭上两三分钟的习惯。有人问他为什么，他说："闭上眼睛，我能取用更高智能的活水源头。"在通常情况下，意识的努力往往会自动地抑制潜意识，甚至会使它发生故障。在社交场合，有些人的自觉意识过分浓厚而表现笨拙，是因为他们太关心要做的事情的正确性，而过分焦急。他们过分注意自己的每一个举动，似乎每一个举动都是"想出来的"，似乎每一句话都要先估计它的效果才说出来。这种人是所谓的"抑制型的人"。如果我们说那个人"抑制住了"他自己的潜意识，那么这种说法或许更接近事实。

这些人如果能够"放手"，不用劲、不担心、不再想他的言谈举止，这样，他的行动便含有创造性，便能自动自发，随心所欲。灵感也会接踵而至。

松下幸之助在创业之初就是因为激活了一个偶发的灵感而摆脱了窘境的。

松下是由生产电插头起家的，由于插头的性能不好，产品的销路大受影响，不多久，他就陷入了三餐难继的困境。一天，他身心俱疲地独自走在路上，路旁屋里一对姐弟的谈话引起了他的注意。

姐姐正在熨衣服，弟弟想读书，却无法开灯（那时候的插头只有一个，用它熨衣服就不能开灯，两者不能同时使用）。

弟弟吵着说："姐姐，您不快一点开灯，叫我怎么看书呀？"

姐姐哄着他说："好了，好了，我就快熨好了。"

"老是说快熨好了，已经过了30分钟了。"

姐姐和弟弟为了用电，一直吵个不停。

松下幸之助想："只有一根电线，有人熨衣服，有人就无法开灯看书，反过来说，有人看书，别人就无法熨衣服，这不是太不方便了吗？何不想出同时可以两用的插头呢？"他认真研究这个问题，不久，就想出了两用插头的构造。

试用品问世之后，很快就卖光了，订货的人越来越多，简直是供不应求。他只好增加工人，并扩建了工厂。松下幸之助的事业，从此步入正轨，逐年发展，利润大增。

其实，像松下幸之助一样，每个人都富有创造性的想象力，都能发挥创造力，普通人往往对日复一日中所面临的无数问题感到非常讨厌，怯于面对和懒于思考。但恰恰是遭遇任何问题，都是激发灵感的大好机会。如果把握这些机会，积极思考去解决问题，那么，就会在无形中锻炼出有创造性的想象力。所以，在解决问题时请记住：问题越大，就隐藏着越多良机。

变通代表着对智慧的考验

西点教官本杰明·斯帝克说过："敢于突破既有经验，常常会使你在绝处逢生。"人的一生中，充满了无数的未知，如果只凭一套生存哲学，便欲轻松跨越人生所有的关卡是不可能的，想要轻易越过人生中的障碍，实现某种程度的突破，向未来更美好的领域迈进，就需要学会用打破常规的智慧与勇气来变通。作为跨越生命障碍、走向成熟的重要一步，变通是一门生存智慧，更是一门学问。

人类心理活动的普遍现象是：长期习惯于按"一定之规"考虑问题，懒惰于进行创新思考。而创新是人类社会进步的客观要求，这需要付出极大的努力，摆脱和突破一种思维定式的束缚。

这个充满竞争的世界对于只知道墨守成规的人来说，到处都是难以跨越的鸿沟，处处都有无法突破的阻力。如果做什么事情只会做"规定动作"，而不能突破自我、超越别人，就难以在激烈的角逐中夺魁。而对于善于变通思考的人来说处处都充满了机会，只有善于思考、巧于变通的人才是有创造能力的人，才能在这个社会中有良好的立足之地。

在历届西点军校的课堂上，都会讲到这样一个案例：

有一位身材矮小、相貌平平的青年叫卡纳奇，有一天早晨，卡纳奇到达办公室的时候，发现一辆被毁的车身阻塞了铁路线，使得该区段的运输陷于混乱与瘫痪。而最糟的是，他的上司、该段段长司哥特又不在现场。

他当时还是一个送信的仆役，卡纳奇面对此事该怎么办呢？或者立即想法去通知司哥特，让他来处理；或者是坐在办公室里干自己分内的事。这是既能保全自己职业，又不至于冒风险的做法。因为调动车辆的命令只有司哥特段长才能下达，他人干了，都有可能受处分或被革职。但此时货车已全部停滞，载客的特快列车也因此延误了正点开出的时间，乘客们十分焦急。

经过认真、反复思考后，卡纳奇将自己的职业与名声弃之一边，他破坏了铁路规则中最严格的一条，果断地处理了调车领导的电报，并在电文下面签上司哥特的名字。当段长司哥特来到现场时，所有客货车辆均已疏通，所有的事情都有条不紊地进行着。他起先是一惊，结果他终于一句话也没有说。

事后，卡纳奇从旁人口中得知司哥特对于这一意外事件的处理感到非常满意，他由衷地感谢卡纳奇在关键时刻的果敢、正确的行为。

这件事对貌不惊人甚至有点丑的卡纳奇来说是一个转折点，此后，他便被提升为段长。

由此可见，一个人之所以能够在茫茫人海中鹤立鸡群，一半在于他的努力与智慧，一半在于他恰逢时机地打破了常规。如果你在一个偶然的或者必然的场合，像卡纳奇一样，采取某种方法或手段，突然显示出自己的思想、能力和才干，你就会出之于众，你就会赢得别人的注意。

　　现实生活中，一些习惯、规则的存在，使遵守规则变成一种生活习惯，这种生活习惯在发明创新上会变成一种思想阻碍，一道心理枷锁，阻碍着人们突破常规思维，开创人生的新天地。

　　因循守旧、不知变通是无论如何都行不通的。失败者是因为他们墨守成规，不会变通，从而把自己的路堵死。善于变通的人，他们勇于向一切规则挑战，敢于突破常规，他们做事变通，灵活而不违原则，能符合时代的变迁和社会发展的要求，因此他们也往往可以赢得他人所无法得到的胜利。

　　标新立异者的"新和异"是适应环境的变通，是对已知的挑战。变则通，通则久。

　　一亿年前，地球上到处是体积硕大的恐龙。后来，地球上发生变故，恐龙在很短的时间内灭绝。至今，科学家还不能确定究竟是发生了什么样的变故，但唯一能确定的事，就是恐龙因为无法适应这种变故，而遭到绝迹的下场。

　　能变通者才能生存，"物竞天择，适者生存"的准则，不仅适用于上古时代，同样也适用于科技文明的现代社会。不论是生物学家还是经济学家都承认，在一场激烈的竞赛中，凡是不能适应者，都会被淘汰。商场如战场，刀枪本无情，如果一个人在作战的中途倒下，则显示其生存的条件不够。

况且，工作与生活永远是变化无穷的，我们每天都可能面临改变，新的产品和新服务不断上市，新技术不断被引进，新的任务被交付，新的同事、新的老板……这些改变，也许微小，也许剧烈。但每一次的改变，都需要我们调整心态重新适应。面对改变，意味着对某些旧习惯和老状态的挑战，如果你紧守着过去的行为与思考模式，并且相信："我就是这个样子"，那么，尝试新事物就会威胁到你的安全感。

不幸的是，在各个工作场所中，我们可以看到仍然有太多的"恐龙式人物"存在。

"恐龙族"不喜欢改变，他们安于现状，没有野心，没有创新精神，没有工作热忱，不设法改进自己，不让自己有资格做更好的工作。"恐龙族"不肯承认改变的事实。他们不愿为自己制造机会，而情愿受所谓运气、命运的摆布。因为不相信自己能掌握命运，所以会选择错误，不是在平坦的道路上蹒跚前进，就是一辈子坐错位置。

"恐龙族"犯的最大的毛病，就是无法视变化为正常现象。他们没有衡量自己适应变化的能力，包括步调、新观念、做事的弹性和效率等，他们更不会探索自身的潜能，遇到变故发生，宁可坐以待毙。不再成长，使得"恐龙族"过去所有的优点，逐渐都变成缺点。

譬如，对工作的野心转变为钩心斗角、玩弄权术，对公司的忠诚转变为逢迎拍马，为了取悦上司，却对下属粗率无礼。他们让自己受限于困境，恐惧局限了他们的眼界，当然也降低了他们行事的能力。"恐龙族"忘记了一个很重要的道理：一个人能否获得成就，就看他是不是愿意标新立异，敢于尝试。乐于冒险，喜欢试验，能变通，这些才是获得成功和进步的途径。

变通的最大敌人就是"定式思维"。常规思维的惯性，又可称之为"思维定式"。

这是一种人人皆有的思维状态。当它在支配常态生活时，还似乎有某种"习惯成自然"的便利，所以不能说它的作用全是负面的。但是，当面对创新的事物时，如若仍受其约束，就会形成对创造力的障碍。

第十六条　没有任何借口

别为失败找理由

著名的美国西点军校有一个久远的传统，即遇到学长或军官问话，新生只能有四种回答：

"报告长官，是。"

"报告长官，不是。"

"报告长官，没有任何借口。"

"报告长官，我不知道。"

除此之外，不能多说一个字。

新生可能会觉得这个制度不尽公平，例如军官问你："你的腰带这样算擦亮了吗？"你当然希望为自己辩解，如"报告长官，排队的时候有位同学不小心撞到了我"。但是，你只能有以上四种回答，别无其他选择。

在这种情况下你也许只能说："报告长官，不是。"如果学长再问为什么，唯一的适当回答只有："报告长官，没有任何借口。"这既是要新生学习如何忍受不公平——人生并不是永远公平的，同时也是让新生们学习必须承担的道理：现在他们只是军校学生，恪尽职责可能只要做到服装仪容的要求，但是日后他们肩负的却是其他人的生死存亡。因此，"没有任何借口"！

从西点军校出来的学生，许多后来都成为杰出将领或商界奇才，不能不说这是"没有任何借口"的功劳。真诚地对待自己和他人是明智和理智的行为，有些时候，为了寻找借口而绞尽脑汁，不如对自己或他人说"我不知道"。这是诚实的表现，也是对自己和他人负责的表现。对此，齐格勒建议说："如果你能够尽到自己的本分，尽力完成自己应该做的事情，那么总有一天，你能够随心所欲从事自己要做的事情。"

尽自己的本分就要求我们勇于承担责任，承担与面对是一对姐妹，面对是敢于正视问题，而承担意味着解决问题的责任，让自己担当起来。没有勇气，承担就没有基础；没有承担力，面对就没有价值。放弃承担，就是放弃一切。假如一个人除为自己承担之外，还能为他人承担，他就会无往而不胜。

有一只猫，总爱寻找借口来掩饰自己的过失。老鼠逃掉了，它说："我看它太瘦，等以后养肥了再吃不迟。"到河边捉鱼，被鲤鱼的尾巴打了一下，它说："我不是想捉它——捉它还不容易？我就是要利用它的尾巴来洗洗脸。"后来，它掉进河里，同伴们打算救它，它说："你们以为我遇到危险了吗？不，我在游泳……"话没说完，它就沉没了。

西点军校22条军规

"走吧，"同伴们说，"它又在表演潜水了。"

这是一只可怜又可悲的猫，其实世界上有许多人也和它相似，他们自欺欺人，善于为自己的错误寻找借口，结果搬起石头砸了自己的脚，受伤害的总是自己。

人们必须付出巨大的心力才能够成为卓越的人，但是如果只是找个借口搪塞为什么自己不全力以赴的理由，那真是不用费什么力气。

一个被下属的借口搞得不胜其烦的经理在办公室里贴上了这样的标语："这里是'无借口区'。"他宣布，9月是"无借口月"，并告诉所有人："在本月，我们只解决问题，我们不找借口。"这时，一个顾客打来电话抱怨该送的货迟到了，物流经理说："的确如此，货迟了。下次再也不会发生了。"随后他安抚顾客，并承诺补偿。挂断电话后，他说自己本来准备向顾客解释迟到的原因，但想到9月是"无借口月"，也就没有找理由。

后来这位顾客向公司总裁写了一封信，评价了在解决问题时他得到的出色服务。他说，没有听到千篇一律的托辞令他感到意外和新鲜，他赞赏公司的"无借口运动"是一个伟大的运动。借口往往与责任相关，高度的责任心产生出色的工作成果。要做一个优秀员工，就要做到没有借口和负责，勇于负责是你的天职。许多员工习惯于等候和按照主管的吩咐做事，似乎这样就可以不负责任，即使出了错也不会受到谴责。这样的心态只能让人觉得你目光短浅，而且永远不会将你列为升迁的人选。

勇于负责就要彻底摒弃借口，借口对我们有百害而无一利。借口的害处已说了这么多，真该建议那些爱找借口的员工像这个例子中的经理一样，为自己设立一个"无借口区"。很多人遇到困难不知道努力解决，而只是想到找借口推卸责任，这样的人很难成为优秀的员工。

拒绝借口，用行动去落实

在西点军校，教官指导学生习剑时要告诉他们："不要假设如果自己手中的剑再长一点，你就可以击败对方了。事实是，无论你的剑有多长，不主动进攻，也无济于事。只要你前进一步，你的剑自然就变长了。"

西点军校的精英们知道，在残酷的战场上，没有人让你重新再打你曾经打败的一场战斗。只要被打败，你就要付出惨重的代价，所以，必须要扔掉那些找借口的想法。

当西点毕业的格兰特将军赢得了美国内战的胜利，开辟了美国历史的新篇章后，很多人开始寻找格兰特制胜的原因。在格兰特将军做了美国总统后，有一次，他到西点军校视察，一名学生毕恭毕敬地对格兰特说：

"总统先生，请问西点军校授予您什么精神使您义无反顾、勇往直前？"

"没有任何借口。"格兰特的回答铿锵有力、掷地有声。

"如果您在战争中打了败仗，您必须为自己的失败找一个借口时，您怎么做？"

"我唯一的借口就是：没有任何借口。"

执行任务，不找任何借口地去落实，这是千百年来每个士兵乃至将军最基本的职责。军人的天职就是无条件地执行上级的命令，全力以赴地完成，即使牺牲自己的生命也在所不惜。成功的人没有借口，不成功的人也有一种共同的性格特征，他们知道失败的原因，并且对于自己有着他们认为的一套托词。

制造借口是人类本能的习惯，这种习惯是难于打破的，尤其是我们要以此作为某事的借口之时。艾乐勃·赫巴德说："我对自己一向是个谜，为何人们用这么多的时间制造借口以掩饰他们的弱点，并且故意愚弄自己。如果用在正确的用途上，这些时间足够矫正这些弱点，那时便不需要借口了。"

比尔·盖茨也说："一心想着享乐，又为享乐找借口，这就是怠惰。"任何人在任何时候都能找到"充分"的理由证明"失败与我无关"，即使对于关系到自身前途和命运的问题，我们也能够找出理由来为自己开脱。当我们以别人配合不利为借口时，其实就是在纵容自己的依赖心；当我们抱怨环境不好、机会难寻的时候，其实正在姑息自己的懦弱和懒惰。

通常情况下，有两种人老是为自己找借口。第一种人是从一开始就找借口为自己开脱，他根本"不想去做"。在日常生活和工作中，我们经常会听到各种各样的借口，"那个客人我对付不了"；"我现在下班了，明天再说吧"；"我明天有事情，完不成这个工作"；"我很忙，现在没空"；"这件事不能怪我，不适合我来干"……诸如此类的借口，让人哭笑不得、无可奈何。

第二种人一开始也努力去做，或者看似努力，实际上根本没有全力以赴，他们习惯于为失败找借口。"我已经尽了全力了，最后没做好不能怪我一个人"；"对手太强大了，我和他们进行了很长时间的竞争"；"我已经做了分内的事，难道还让我为我不该做的事负责"；"小李中间出了差错，不是我不行"等。这一类人尝试去做，但是他们都没有竭尽所能，他们寻找看似合理的借口为自己的半途而废百般辩解。

一个又一个的借口只会使我们的激情、热情和信心都退缩到阴暗的角落里，而自己的自私、怯懦、懈怠、懒惰等却被披着借口的外衣堂而皇之地登上舞台。

1861年，林肯就职总统之后发现美国对战争的准备严重不足。联邦只有一支装备简陋、训练欠缺的16000人的队伍，而它的指挥官——斯科特，已是一位75岁高龄的老将军。林肯非常清楚，为了拯救整个国家免于分裂，他需要一个不找借口且具执行力的人。林肯决定试一试众人眼里极富军事才能的乔治·麦克莱伦。

麦克莱伦有极高的声望和出色的组织能力，但是他有一个致命弱点掩盖了他军事生涯的所有优秀表现，那就是他总是瞻前顾后，习惯于过多地思考问题，然后寻找理所当然的借口而不肯采取行动。他根本就不愿意去战斗。

将近 3 个月过去了，麦克莱伦没有采取任何行动，林肯只能一次次督促他行动。

1862 年 4 月 9 日，林肯再次给麦克莱伦写信督促他采取行动。"我再次告诉你，你不管怎样也得进攻一次吧！"在信的结尾林肯甚至恳切地写道："我希望你明白，我从来没有这样友好地给你写过信，我实际比以往任何时候都更支持你，但无论如何能不能找任何借口，打上一仗？"

在林肯发出此信之后的一个月，麦克莱伦的军队继续延误战事，林肯只得在国务卿斯坦顿和蔡斯的陪同下亲临前线督战，而麦克莱伦竟然借口脱不开身不肯来与林肯会合。虽然这时林肯仍不愿撤换麦克莱伦将军，但他知道要想有所改变，要想国家早些得到一个和平发展的环境，就必须当机立断撤换将军。1862 年 7 月 11 日，林肯委任亨利·哈勒克将军为联邦司令，这时距麦克莱伦被任命为联邦总司令的时间还不到 1 年。

懦弱的人寻找借口，想通过借口心安理得地为自己开脱；失败的人寻找借口，想通过借口原谅自己，也求得别人的原谅；平庸的人寻找借口，想通过借口欺骗自己，也使别人受骗。但是，借口不是理由，找借口给人带来的严重后果就是让你失去实现成功的机会，最终一事无成。

敢于承认不足才能弥补不足

1902年，西点军校毕业生、曾任校长的麦克阿瑟将军曾说："为了更好地解决问题，你不仅需要助手，也需要对手。"有了竞争，你才能更及时、更深刻地发现自己的不足，从而使自己更趋完善，达到意想不到的效果。

海湾战争之后，一种M1A2型坦克开始陆续装备美国陆军，这种坦克的防护装甲目前是世界上最坚固的。M1A2型坦克的研制者乔治·巴顿中校是美国陆军最优秀的坦克防护装甲专家之一，他接受研制M1A2型坦克装甲的任务后，立即找来了毕业于麻省理工学院的著名破坏力专家迈克·马茨工程师。两人各带一个研究小组开始工作。巴顿带着研制小组专门负责研制防护装甲；马茨则带着破坏小组专门负责摧毁巴顿已经研制出来的防护装甲。

刚开始的时候，马茨总是能轻而易举地将巴顿研制的新型装置炸个稀巴烂。巴顿被迫一次又一次地更换材料、修改设计方案。终于有一天，马茨使尽浑身解数也未能奏效。于是，世界上最坚固的坦克在这种近乎疯狂的"破坏"与"反破坏"试验中诞生了，巴顿与马茨也因此而同时荣获了紫心勋章。

对手是一种非常难得的资源，因为越是敌人和仇人，可学的东西才越多。对方要消灭你，一定是倾巢而出，精锐毕现。在他们使出浑身解数的时候，也就是传授你最多招数的时候。那种对竞争对手动辄咬牙切齿，不肯相互帮助，甚至不惜背后使绊的人，只是一种街头混混的斗法，不可能有什么大出息。

奥地利作家卡夫卡说："真正的对手会灌输给你大量的勇气。"对待对手，不要一味地愤恨不已，不要寻找太多自欺欺人的借口，敢于承认不足才能弥补不足。因此，我们看问题，也不要老想着找客观理由，而应多从自身方面找起。

有一只色彩斑斓的大蝴蝶，常嘲笑对面的邻居——一只小灰蝶很懒惰。"瞧，它的衣服真脏，永远也洗不干净，总是灰突突的，还有斑点，看看我，一身的衣服多漂亮，飞到哪儿，都是人们眼里的宠儿。在公园里，小孩们追着我，单身的男子说'希望将来的女朋友像我一样漂亮'，甚至有几只小蜜蜂追着我不放，以为我是一朵飘舞的美丽的鲜花呢。"大蝴蝶喋喋不休地向朋友们炫耀着自己的美丽，嘲笑着邻居小灰蝶的懒惰与丑陋。

直到有一天，有个明察秋毫的朋友到它家，才发现对面的小蝴蝶并非懒惰，而是它本身的衣服就是灰色的，但大蝴蝶却始终坚持自己的观点。这位朋友只好把大蝴蝶带到医院眼科检查，医生说："大蝴蝶的眼睛已高度近视了。"其他蝴蝶纷纷说："它应该反省一下，其实是自己有问题。"

缺乏自省能力的人就像这只大蝴蝶一样无视自身的缺点，总是认为别人出了问题，这种思考问题的方法对自身的发展是十分不利的。相反，一个善于自省的人遇到问题往往会审视自己，从自己身上找原因，而不是总把问题推到别人身上。

这个事例告诉我们，当一件事情出现问题后，并不出在别的地方，很可能就出在我们自己身上。但在生活中，很多人失败之后怨天尤人，就是不在自己身上找找原因。其实，一个人失败的原因是多方面的，只有从多方面入手找出失败的原因并针对性地进行自省，才能起到纠错的作用。

有这样一则寓言：一只狐狸在跨越篱笆时滑了一下，幸而抓住一株蔷薇才不致摔倒，可它的脚却被蔷薇的刺扎伤了，流了许多血。受伤的狐狸很不高兴地埋怨蔷薇说："你也太不应该了，在我向你求救的时候，你竟然趁机伤害我！"蔷薇回答说："狐狸啊，你错了！不是我故意要伤害你，我的本性就带刺，是你自己不小心，才被我刺到了。"

在我们的周围，也有很多这样的人，他们在遭遇挫折或犯了错误的时候，不是反躬自省，而是责怪或迁怒别人，这种人很难取得真正的进步。所以，我们遇到问题时，千万不要像故事中的大蝴蝶和狐狸那样，总是责怪别人，而要学习制片人布森的精神，反躬自省，养成自我纠错的习惯，这样，既有利于问题的解决，又能与他人融洽相处，同时，我们还要学会见贤思齐。

爱因斯坦就说过，99%的时间他的结论都是错的！因此我们需要时时进行自省。

"成功源自于自我分析"，"失败是成功之母"，"检讨是成功之父"。这都是在说明一件事，自我反省、自我分析、自我检讨与成功有莫大的关系。一个最好的自我分析的方法是倾听自己内心的声音。人生中有许多重大的决定，有些决定甚至左右着人生的方向、事业的成败。作好决定、作对决定，往往需要一些忠告。内心深处的声音，正是最好的忠告。

第十七条　不放松任何一个细节

细节决定成败

西点学生都明白，战场之上无小事，细节决定成败。士兵必须作战，而带兵的军官则必须注意每一个细节，才能确保士兵的性命不会白白牺牲。艾森豪威尔将军曾经强调"每一个细节背后的伟大力量"。西点人深信细节的力量，一再强调每个人必须熟知每一个细节，从背诵一些小诗句、擦亮扣环，到了解 M16 的构造和使用。

拿破仑是一位传奇人物，这位军事天才一生之中都在征战，曾多次创造以少胜多的著名战例，一些战例至今仍被各国军校奉为经典教例。然而，1812 年的一场失败的战役却改变了他的命运，法兰西第一帝国从此逐渐走向衰亡。

1812 年 5 月 9 日，在欧洲大陆上取得了一系列辉煌胜利的拿破仑离开巴黎，率领 60 万大军浩浩荡荡地远征俄国。法军凭借先进的装备长驱直入，在短短的几个月内直捣莫斯科。然而，当法国人入城之后，市中心燃起了熊熊大火，莫斯科的 1/4 被烧毁，6000幢房屋化为灰烬。俄国沙皇亚历山大采取了坚壁清野的措施，使远离本土的法军陷入粮荒之中，即使在莫斯科，也找不到干草和燕麦，大批军马死亡，许多大炮因无马匹驮运而被迫毁弃。几周后，寒冷的天气给拿破仑大军带来了致命的重创。在饥寒交迫下，1812年冬天，拿破仑大军被迫从莫斯科撤退，沿途又有大批士兵被活活冻死，到12月初，原本60万大军只剩下不到1万人。

关于这场战役失败的原因众说纷纭，但又有谁能想到小小的军装纽扣也是使其失败的元凶之一呢？原来，拿破仑征俄大军的制服，采用的都是锡制纽扣，而在低于13.2摄氏度的寒冷气候中，白色的锡制纽扣（β锡）就会慢慢变成松散的灰色粉末（α锡）。由于衣服上没有了纽扣，数十万拿破仑大军在寒风暴雪中形同敞胸露怀，许多人被活活冻死，还有一些人因受寒得病而死。

正是由于细节如此重要，所以西点很注重对新学员的细节训练。背诵新学员知识是细节训练中一个行之有效、行之久远的办法。这套冗长固定的新学员知识，除了要记住会议厅有多少盏灯、蓄水库有多大的蓄水量外，还包括日行事历。

新学员都要轮流报日程——站在走廊的时钟下面，大声清楚地报时："距离晚餐集合还有5分钟，穿上课制服。我再重复一次，距离晚餐集合还有5分钟……"

新学员报日程的时候，如果有任何错误，学长都会过来质问。新学员必须背诵出当天相关的讯息：日期、值日官姓名、重要的运动或电影，一直到距离未来的重大活动还有多少天，最难的则是距离历届班的毕业典礼还有多久。

西点学员每天都要被检查服装仪容，包括皮鞋、扣环要擦亮，上衣正确扎进裤子或裙子，衬衫衣叉和裤缝对直成一条线。

西点学员乔治·S.格林在"兽营"期间，曾经有一次来回向班长报到了12次，才通过服装仪容的检查。每一次他到了班长的房间，都有通不过的地方，比如头发没有梳好、皮鞋碰脏了、衬衫后面的衣摆露出来了、某段新学员知识没有背好等，每次都得回寝室重新整理。

就是这种重视细节的精神让西点人精益求精，力求做好每一件事情。因为他们知道，细节既可能促使一个士兵成长与进步，也能导致一场战争失败，绝对轻视不得！

一位伟人曾经说过："轻率和疏忽所造成的祸患将超乎人们的想象。"许多人之所以失败，往往不是因为他们不够聪明，而是因为他们马虎大意、鲁莽轻率。这个细节可能只是一个标点、一个螺丝，但在关键时刻却能决定事情的成败。

建筑时一个小小的误差，可以使整幢建筑物倒塌；不经意抛在地上的烟头，可以使整幢房屋甚至整个村庄化为灰烬。世界上每年因为"不小心"所造成的身体伤害和财产损失，有谁能统计清楚呢？一台拖拉机有五六千个零部件，要几十个工厂进行生产协作；一辆福特牌小汽车有上万个零件，需上百家企业生产协作；一架"波音747"飞机，共有450万个零部件，涉及的企业更多……在这么多的环节当中，只要任何一个环节出了问题，都会影响到最终的结果。可以说，没有一个细节是无关紧要、可以忽略的。

老子曾说："天下难事，必作于易；天下大事，必作于细。"很多事情看起来庞大复杂、无法可解，但只要我们稍加留心、勤于思考，我们就会发现，问题就出在细节上面。一个重视细节的人必定是个高度负责、留心生活的人，也是个精益求精、追求卓越的人。一个重视细节的人能够在工作中交上令人满意的答卷，为老板所赏识。

有3个人去一家公司应聘采购主管，他们当中一人是某知名管理学院毕业的，一名毕业于某商院，而第三名则是一家民办高校的毕业生。在很多人看来，这场应聘的结果是很容易判断的，然而事情却恰巧相反。应聘者经过一番测试后，留下的却是那个民办高校的毕业生。

在整个应聘过程中，他们经过一番测试后，在专业知识与经验上各有千秋，难分伯仲。随后招聘公司总经理亲自面试，他提出了这样一个问题，题目为：

假定公司派你到某工厂采购4999个信封，你需要从公司带去多少钱？

几分钟后，应试者都交了答卷。第一名应聘者的答案是430

元。

总经理问："你是怎么计算的呢？"

"就当采购 5000 个信封计算，可能是要 400 元，其他杂费就 30 元吧！"

应者对答如流，但总经理未置可否。

第二名应聘者的答案是 415 元。

对此他解释道："假设采购 5000 个信封，大概需要 400 元，另外其他杂费可能需用 15 元。"

总经理对此答案同样没表态。但当他拿起第三个人的答卷，见上面写的答案是 419.42 元时，不觉有些惊异，立即问："你能解释一下你的答案吗？"

"当然可以，"该同学自信地回答道，"信封每个 8 分钱，4999 个是 399.92 元。从公司到某工厂，乘汽车来回票价 11 元；午餐费 5 元；从工厂到汽车站有一里半路，请一辆三轮车搬信封，需用 3.5 元。因此，最后总费用为 419.42 元。"

总经理会心一笑，收起他们的试卷，说："好吧，今天到此为止，明天你们等通知。"想必你也猜出来了：重视细节的第三个人胜出了。

这道题显然是专门用来考察求职者细节的。在这里，一个不经意的细节就决定了面试的成败。西点毕业生、国际电话电报公司总裁兰德·艾拉斯科曾说过："每一个管理者都是从底层做起的，世界上没有人天生就具有管理才能，可以掌管大局、处乱不惊。唯有从小事做起，从细节抓起，才能训练出卓越的管理人才。"

每个人所做的工作，都是由一件件小事构成的，但不能因此而对工作中的小事敷衍应付或轻视责任。所有的成功者，他们大多与我们做着同样简单的小事，唯一的区别就是，他们从不认为他们所做的事是简单的小事。西点人从不在小事、细节上有所疏忽。

只要你留心观察，就会发现我们身边有许多这样的人：他们不见得有很高的学历、聪明的头脑和过硬的后台，但他们谦虚、低调，留意生活的每一个细节，善于观察与思考，从别人的点点滴滴中学到有益的东西。就是这些看似不起眼的细微之处决定了他们跟其他人的距离。

细节造就完美

每年春天，西点仅有1000多名学员毕业，每人都被授予学士学位，并作为中尉在陆军中服役。经过6周的休整，他们被派往亚洲、欧洲和非洲等地。一到目的地，他们就担当起第一份军官职务。

单单这个事实就让人震惊：一个国家把在编部队的安全交付给了年仅21岁的年轻军人！更不要说看管和部署大规模杀伤性武器、维持和平和偶发战事。相关事实是：一旦离开西点，绝大多数年轻西点学员毫无疑问是胜任工作的。西点军校不仅培养了大量的优秀军官，而且200多年来，它已成为全美最有效的高级管理人才开发学院。特别是在细节方面，他们做得非常到位。因为西点人相信，一个不注重细节的人，在战场上是不可能有冷静的头脑及过人的分析的，粗心大意和鲁莽行事是军人的大忌。西点严格要求每一个学员将自己身边的每一件小事都要做好。所以西点出来的人都非常清醒地明白：许多企业并不是被大事打倒，而是在一些不起眼的细节上栽了大跟头。

1851年，为了让不识字的工人区别肥皂和蜡烛箱，一个码头装卸工人在宝洁公司的蜡烛包装箱上涂上了黑色的十字。不久，另一个有艺术细胞的工人将黑字改成一个圆圈套着一颗星，再后来又有人用一组星星替代了原来的一颗星，最后又加上了一轮残月和一个人的侧影。

此事被宝洁公司知道后，为方便工人和用户识别，决定将所有的蜡烛箱上都画了星星和月亮的图案。

后来宝洁公司的管理者认为，蜡烛箱上"月中人"的图案是没有必要的，于是就把它涂掉了。但是没过多久，宝洁公司收到了一封来自北卡罗来纳的信，一个批发商拒绝接受一批宝洁公司蜡烛的交货，因为这些箱子缺少完整的"星星和月亮"的图案，被认为是仿制的。宝洁公司立即意识到了"星星和月亮"图案的价值，并将它作为注册商标重新使用。

这样做了之后，包括北卡罗来纳批发商在内的许多客户，才继续与宝洁公司保持业务往来。

作为公司的管理者，宏观调控确实很重要，但对细节的微观把握更不可少。琐碎简单的事情最容易被忽略，最容易错漏百出。无论企业有怎样辉煌的目标，但在执行过程中有一个细节处理不到位，就会导致最终失败。"大处着眼，小处着手"，狠抓细节，才能达到管理的最高境界。

海尔的管理层经常说的一句话就是："要让时针走得准，必须控制好秒针的运行。"我们要发现问题的关键，提高解决问题的能力，必须坚持从细节入手。

一天，美国福特公司客服部收到一封客户抱怨信，上面是这样写的：

"我们家有一个传统的习惯，就是我们每天在吃完晚餐后，都会以冰激凌来当我们的饭后甜点。但自从我买了一部你们公司的车后，在我去买冰激凌的这段路程上，问题就发生了。每当我买的冰激凌是香草口味时，我从店里出来车子就发动不起来。但如果我买的是其他的口味，车子发动就顺利得很。为什么？为什么？"

很快，客服部派出一位工程师去查看究竟。当工程师去找写信的人时，对方刚好用完晚餐，准备去买冰激凌。于是，工程师一个箭步跨上车。结果，这位客户买好香草冰激凌回到车上后，车子果然又发动不起来了。

这位工程师之后又依约来了三个晚上。

第一晚，巧克力冰激凌，车子没事。

第二晚，草莓冰激凌，车子也没事。

第三晚，香草冰激凌，车子发动不起来了。

……

这到底是怎么回事？工程师忙了好多天，依然没有找到解决的办法。工程师有点气馁，想放弃，转而接受退车的现实。

最后，神圣的职业使命感使工程师安静下来，开始研究种种详细资料，如时间、车子使用油的种类、车子开出及开回的时间……不久，工程师发现，买香草冰激凌所花的时间比买其他口味用的时间要少。因为，香草冰激凌是所有冰激凌口味中最畅销的口味，店家为了让顾客每次都能很快地拿取，将香草口味特别分开陈列在单独的冰柜，并将冰柜放置在店面的前端。

现在，工程师所要知道的疑问是：为什么这部车会因为从熄火到重新激活的时间较短就会发不动？原因很清楚，绝对不是因为香草冰激凌的关系，工程师很快地由心中浮现出答案：应该是"蒸汽锁"。买其他口味的冰激凌由于花费时间较多，引擎有足够的时间散热，重新发动时就没有太大的问题。但是买香草口味时，由于时间较短，引擎太热以至于还无法让"蒸汽锁"有足够的散热时间。

在此事件中，购买香草冰激凌虽然与发动机熄火并无直接联系，但购买香草冰激凌确实和汽车故障存在着逻辑关系。问题的症结点在一个小小的"蒸汽锁"上，这是一个很小的细节，而且这个细节被细心的工程师发现，从而找到了解决问题的关键。

俗话说："在商场上，每一笔生意都是独一无二的"，成功的执行者能够针对具体环境巧妙设计出解决问题的细节，这些细节体现着一个人处理问题的原创性和想象力，这是这个时代最稀缺、最宝贵的东西。

西点人认为，将任何有意义的事情做好，是你成功的预示。因为你比别人多付出，你在实际工作中也比别人想得更周到，这样的员工是任何老板都渴求的。

第十八条　放弃即是投降

有耐心的人无往而不胜

美国第 34 任总统艾森豪威尔说过："在这个世界上，没有什么比'坚持'对成功的意义更大。"好事多磨，成功的获取是一个漫长而艰辛的过程，通往成功的每一步都蕴藏着很多的困难和挫折，要想获得成功，实现人生的梦想，就必须戒骄戒躁，具备战胜困难的耐心和不达目的绝不罢休的执着精神。只有有耐心的人才会无往而不胜，首先获得成功。

"登泰山而小天下"，这是成功者的境界，如果达不到这个高度，就不会有这个视野。但是，若想到达这个境地亦非易事，人们从岱庙前起步上山，入南天门，进中天门，上十八盘，登玉皇顶，这一步步拾级而上，起初倒觉轻松，但越到上面便越感艰难。十八盘的陡峭与险峻曾使多少登山客望而却步。游人只有振奋不达目的决不罢休的精神，才能登上泰山绝顶，体验杜甫当年"一览众山小"的酣畅意境。

像登泰山一样，世上越是珍贵之物，越是让人羡慕的成果，则费时越长，费力越大，得之越难。即便是燕子垒巢，工蜂筑窝也都非一朝一夕的工夫，人们又怎能企望轻而易举便获得成功呢？天上没有掉下来的馅饼，数学家陈景润为了求证"哥德巴赫猜想"，他用过的稿纸几乎可以装满一个小房间；作家姚雪垠为了写成长篇历史小说《李自成》，竟耗费了40年的心血。大量的事实告诉我们：点石成金需耐力和恒心。有这样一个故事：

在美国科罗拉多州长山的山坡上，躺着一棵大树的残躯。自然学家告诉我们，它曾经有过400多年的历史。在它漫长的生命里，曾被闪电击中过14次，无数次暴风骤雨侵袭过它，都未能让它倒下。但在最后，一小队甲虫的攻击使它永远也站不起来了。那些甲虫从根部向里咬，渐渐伤了树的元气。虽然它们很小，却是持续不断地进攻。这样一个森林中的巨木，闪电不曾将它击倒，狂风暴雨不曾将它动摇，却因一小队用大拇指和食指就能捏死的小甲虫凭借锲而不舍的韧劲而倒了下来。

这是卡耐基引述别人讲过的一个故事，从这个故事，我们发现了一个人生哲理，这就是：只要有恒心，以微弱之躯撼大摧坚也平常。

生活中，我们都可能会面对"撼大摧坚"的艰巨任务：运动员要向世界纪录挑战，科学家要解开大自然的奥秘，企业家要跻身世界强者的行列，就是一般人，也会有一些困难的工作要去做。比如你要把一堆砖头从甲地搬到乙地，你如何做呢？

莎士比亚说："斧头虽小，但多次砍劈，终能将一棵坚硬的大树伐倒。"还有一位作家说过："在任何力量与耐心的比赛中，把宝押在耐心上。"

小甲虫的取胜之道，就在耐心和恒心上。

一位青年问著名的小提琴家格拉迪尼："你用了多长时间学琴？"格拉迪尼回答："20年，每天12小时。"也有人问基督教长老会著名牧师利曼·比彻，他为那篇关于"神的政府"的著名布道词，准备了多长时间？牧师回答："大约40年。"

恒心往往体现在坚持上。坚持不懈的精神就是有恒心、有耐心的最佳表现。

俗话说得好："滚石不生苔，坚持不懈的乌龟能快过灵巧敏捷的野兔。"如果一个人能每天学习1小时，并坚持12年，所学到的东西，一定远比坐在学校里接受4年高等教育所学到的多。正如布尔沃所说的："恒心与忍耐力是征服者的灵魂，它是人类反抗命运、个人反抗世界、灵魂反抗物质的最有力支持，它也是福音书的精髓。从社会的角度看，考虑到它对种族问题和社会制度的影响，其重要性无论怎样强调也不为过。"

人类迄今为止，还不曾有一项重大的成就不是凭借坚持不懈的精神而实现的。提香的一幅名画曾经在他的画架上搁了8年，另一幅也摆放了7年。

大发明家爱迪生也曾说："我从来不做投机取巧的事情。我的发明除了照相术，也没有一项是由于幸运之神的光顾。一旦我下定决心，知道我应该往哪个方向努力，我就会勇往直前，一遍一遍地试验，直到产生最终的结果。"

凡事不能持之以恒，正是很多人最后失败的根源。英国诗人布朗宁写道：

实事求是的人要找一件小事做，

找到事情就去做。

空腹高心的人要找一件大事做，

没有找到则身已故。

实事求是的人做了一件又一件，

不久就做一百件。

空腹高心的人一下要做百万件，

结果一件也未实现。

那些成功人士之所以能成功，就因为他们凡事坚持到底，始终如一。只要你兢兢业业，勤奋向前，坚持不懈，就没有征服不了的困难。那么，成功的道路上，一定会有你的身影。

帖木儿皇帝的经历证明了这一点。

帖木儿被敌人紧紧追赶，不得不躲进一间坍塌的破屋。就在他陷入困惑与沉思时，看见一只蚂蚁吃力地背负着一粒玉米向前爬行。蚂蚁重复了 69 次，每一次都是在一个突出的地方连着玉米一起摔下来，它总是翻不过这个坎。到了第70次，它终于成功了！这只蚂蚁的所作所为极大地鼓舞了这位处于彷徨中的英雄，使他开始对未来的胜利充满希望。

有时拥有金子的生活可能离我们只有一码之隔，只要你有足够的耐心坚持走到最后一码。

在一个展览会上，德拉蒙德教授看了一座很有名的金矿的玻璃模型。这个金矿原来的主人在他认为可能富含金矿的地层里挖掘了一条1英里长的隧道，花费了100万美元，历时一年半，但他还是没有找到黄金。他决定放弃，于是把这个金矿卖给另一家公司后，便坐火车回家了。而那家公司只是在距原来停止开采的地方挖远了一码，就发现了金矿砂。

众所周知，到20世纪初为止，世界上的任何发明都比不上蒸汽机给人类命运带来那么强大而深远的影响，而被称为"蒸汽机之父"的人是瓦特。但事实上，早在公元1世纪，希腊发明家希罗就制造了一种蒸汽锅，那是用蒸汽来推动的。这个设备粗糙而原始，但是已经蕴含了蒸汽机的基本原理。如果这个古代的实验者能够沿着这个发明的思路，再坚持一下，再改进一点，也许人类机械发明的历史将会提前2000年。

1688年，丹尼斯·帕皮恩就发明了圆柱体内的密封活塞；后来，托马斯·纽可门发明了压力发动机，这两个方面离蒸汽机这一伟大的创造都只有一步之遥。但是，只有等到瓦特集中其全部的精力、智慧和耐心，沿着纽可门那粗糙的发明做进一步探索时，19 世纪的改良蒸汽机才被制造出来。

早在 1774 年，电报机的原理就被发现了。而摩尔斯教授是第一位为了人类的福利应用这一原理的人。他于 1832 年开始实验，在获得发明专利权后又经过 5 年，他又面临着另一个巨大的阻碍。直到 1843 年，美国国会会议的最后一天才同意资助他 3 万美元的研究经费。摩尔斯用这笔钱建造了世界上第一条电报线，介于华盛顿和巴尔的摩之间。也许世界上很少有发明像电报这样，对人类的福利产生了如此重大的有益影响。

美国最早的汽船发明人约翰·菲奇曾经穷困潦倒，衣衫褴褛，受尽嘲讽。他受到大人物的排斥，受到富人的阻挠，甚至在善良人的眼里，他也被当作疯子来可怜。但是，菲奇和他的朋友耐得住寂寞与冷落，一直坚持下去，1790 年，他们在特拉华州有了一条汽船，它顺流时时速为 8 英里，逆流时时速为 6 英里。菲奇的这一发明要早于富尔顿汽船 20 年左右。斯蒂芬森并非是铁路的首创者，也不是第一个想到要用蒸汽机推动机车的人。这些特征在早期的"特里维斯克"机器上就已经出现了。假如特里维斯克能够花些心思改进他机车的缺陷，就像他事业的继承者所拥有的这一优秀个性一样，那么可能就是他而不是斯蒂芬森被称为"现代机车之父"了。

无数成功者的事例告诉我们，耐心对成功是如此重要。如果你天生没有坚定执着的耐力，那么你一定要后天培养它。有了这种个性，你才能成功，才能战胜困难，才能克服消极、怀疑和彷徨的情绪，才能具有自信。没有这种个性，即使是有最为卓越的天才个性也不能保证你成功，而且很可能你的结果是一败涂地。

最终的胜利取决于坚忍的品质

西点教官约翰·哈利说过："'没有办法'或'不可能'使事情画上句号，'总有办法'则使事情有突破的可能。"滴水可以穿石，锯绳可以断木。成大事者身上最可贵的个性之一就是坚定执着。面对人生路上的艰难险阻，每个人都有感到疲倦的时候，但成功者就是因为多了一份坚定执着，才让他们多了一分恒心和忍耐从而渡过难关。

因为有坚忍不拔的品质，才有了埃及平原上宏伟的金字塔，才有了耶路撒冷巍峨的庙堂；因为有了坚忍不拔的品质，人们才登上了气候恶劣、云雾缭绕的阿尔卑斯山，在宽阔无边的大西洋上开辟了通道；正是因为有了坚忍不拔的品质，人类才夷平了新大陆的各种障碍，建立起人类居住的共同体。

如果三心二意，哪怕是天才，也势必一事无成。勤快的人能笑到最后，而耐跑的马才会脱颖而出。只有仰仗坚忍的品质，点滴积累，才能拨云见日，获得成功。

因此，我们要想拥有一种对事业坚持不懈的追求精神，首先要培养一种不求速达的心理状态，稳扎稳打，循序渐进。古语说："欲速则不达。"再说："他的进度快，退缩得也快。"时间想它快而功力不想它快，功力想它快而效果不想它快。想求速达，就难以满足妄想的急切心情，就难以把事业办扎实。达不到心理上的要求，就容易灰心丧气。灰心丧气就会渺茫，就容易辍业或者改业，也就难得有恒心了。没有恒心事业难成，想速达也不会达。早熟便是小材，大器必然晚成，所谓厚积薄发，积累的厚，成就便大，日积月累，坚持不懈，就会年年精进。

另外，要养成一种坚忍不拔的品质，还应培养自己对一种事业的嗜好，凡事只要自己热爱它，哪怕自己是一叶孤舟，面对一片汪洋，看不到岸仍求索不辍。因为兴趣的吸引，所以他们会坚持自己一件一件地去做，并从最困难的事做起。

为了探索物质世界的秘密，丁肇中常常废寝忘食地搞实验，为了做好一个实验，他一进入物理实验室，就两天两夜甚至三天三夜待在物理实验室里，守在仪器旁，经过长期潜心研究，终于发现了丁粒子，从而获得诺贝尔奖。

巴甫洛夫也经常是在实验室里一待就是十几个小时，忘了吃饭，数年如一日地工作，当他跃上科学生涯的第一阶梯——取得"消化"研究的成果时，又忙着开始转向"反射"实验了。同他一起工作多年的得力助手，也受不了这种无休止的紧张工作，离开了他，巴甫洛夫不得不另找新的助手，并对新的助手说："你们要学会做科研。"在实验室里巴甫洛夫和他的助手长时间废寝忘食地工作着。他的身体染上了多种疾病，但从不间断实验工作，直到临死时，巴甫洛夫还用自己身患的蔓延性肺炎，进行心理和生理的实验。

历史上，每一个"天才"的光芒背后都蕴藏着无数的艰难，在这无数个日日夜夜的坚持中他们才在人潮中脱颖而出。

我们阅读霍桑的作品《红字》时是多么欣喜快乐啊，《红字》也许是美国历史上最伟大的浪漫故事了。如此完美的遣词造句，如此流畅自如的表达，如此精妙细致的修辞，以至人们暗自揣测这鬼斧神工之笔是如何造就的。生性腼腆木讷、不善言辞的作家在自己的笔记本里曾经吐露出了天才的秘密。那就是一遍又一遍不懈地修改，修改，再修改！作家的笔记本上到处是修改的痕迹，在他的笔记里，几乎没有什么事是琐碎微小而不值得记录的。他看到的、听到的、触摸到的和感觉到的，都记录在自己的笔记中，正是这些笔记使他后来写出了完美的作品。

霍桑那出色的思想和非凡的表述来源于难以数计的资料。当他在写不朽的《红字》时，他认为这部作品不会被承认，就像他的其他众多作品一样默默无闻，他甚至烧掉了自己的一部分作品。而且，在个人生活上，霍桑也有过一段非常艰难的时光，在被塞伦的海关除名后，他在很长的一段日子里只能以栗子和马铃薯果腹，因为他根本买不起肉。在他出名和获得人们的认可之前，他已经在文学这个神圣的殿堂里默默无闻地工作了 20 年。

赫伯特·斯宾塞在 76 岁的时候完成了他的巨著的第 10 卷，世界上很少有什么成就能超过这件耗尽一生的宏伟作品。斯宾塞在写作过程中经历了无数挫折，尤其是在健康状况很差的情况下，他仍然朝着既定的目标努力工作，直到成功。

卡莱尔写作《法国革命史》时的不幸遭遇，已经广为人知。他把手稿的第一卷借给了邻居，让他先睹为快。这位邻居看了以后随手一放，结果被女仆拿去引火用了。这是个很大的打击，但卡莱尔却并未泄气，他又花费了几个月的心血，将这份已经被付之一炬的手稿重写了一遍。

博物学家奥杜邦带着他的枪支和笔记本，用了两年时间在美洲丛林里搜寻各种鸟类，画下它们的形状。这一切完成后，他把资料都封存在一个看起来很安全的箱子里，就去度假。等度假结束，他回到家中后，打开箱子一看，发现里面居然成了鼠窝，他辛辛苦苦画的图画被破坏殆尽。真是一个沉重的打击！然而奥杜邦二话不说，拿起枪支、笔记，第二次进了丛林，重新一张一张地画，甚至比第一次画得还好。

他们的作品并不是借着天才的灵感一蹴而就的，而是经过精心细致的雕琢，直到最后把一切不完美的痕迹都除掉，才能够表现得那么高贵典雅。一切伟大作家之所以能够成名，都有赖于他们坚忍不拔的性格。

坚忍不拔是所有成就伟业者的共同个性特征。他们可能在其他方面有所欠缺，可能有许多缺点和古怪之处，但是对一个成功者来说，持之以恒的个性则是必备的。不管遇到多少反对，不管遭到多少挫折，成功者总是坚持下去。辛苦的工作不能使他作呕，阻碍不能使他气馁，劳动不能使他感到厌倦。无论身边来去的是什么东西，他总是坚持不懈。这是他天性的一部分，就像他无法停止呼吸一样，他也永不会放弃。

第十九条　为自己奋斗

独立才能做生活的主人

西点军校对于学员的培养，不仅要求他们成为团队战斗中不可缺少的一员，同样也非常重视培养学员的独立精神。西点人明白：一个人只有具备了独立的人格、自由的意志，才能激发自身的潜能，才能做生活的主人。

每一个人都要相信——只有自己才是掌握自己命运的主人，是自己灵魂的舵手。生命的真谛就在于自立自强，一个永远受制于人，被他人和外物"奴役"的人，绝对享受不到创造之果的甘甜。人的发现和创造，需要一种坦然、平静、自由自在的心理状态。独立自主是创新的催化剂。人生的悲哀，莫过于别人代替自己选择，如果这样，自己便成了别人操纵的机器，失去了自我。正所谓"人生一世，草木一秋"。活就要活出个精彩，留也要留下个痕迹。我们要做生活的主角，不要将自己看作是生活的配角。我们要做生活的编导，而不要让自己成为一个生活的观众。我们要做自己命运的主宰者。

心理学家布伯曾说过："但凡失败之人，皆不知自己为何；凡成功之人，皆能非常清晰地认识他自己。"

电影大师查理·卓别林的成功就在于清楚地认识到了坚持自我、独立自主的真谛。卓别林在刚出道时曾放弃过自我，在他开始拍片时，导演要他模仿当时的著名影星，结果卓别林一直未闯出个名堂，直到他开始塑造出自己的风格，做回自己，才声名鹊起，终成一代大师。

鲍勃·霍伯也有类似的经验，他以前有许多年都在模仿他人唱歌跳舞，直到他发挥了自己机智幽默的才能才真正走红。

当玛丽·马克布莱德第一次上电台时，她试着模仿一位爱尔兰明星，但没有成功。直到她还自己以本来面目——一位由密苏里州来的乡村姑娘——才成为纽约市最红的广播明星。

美国乡村音乐歌手吉瑞·奥特利未成名前一直想改掉自己的德克萨斯州口音，并把自己打扮得也像个城市人，他还对外宣称自己是纽约人，结果只招致别人在背后的讪笑。后来他开始重拾三弦琴，演唱乡村歌曲，才奠定了他在影片及广播中最受欢迎的牛仔地位。

我们翻开历史的画卷就能发现成功者总是独立性极强的人，他们总是自己担负起生命的责任，而绝不会让别人来驾驭自己。他们懂得必须坚守原则，同时也要有灵活运转的策略。他们善于把握时机，能够审时度势，有时收敛锋芒，静观事态变化；有时针锋相对，有时互助友爱；有时融入群体，有时潜心独处；有时紧张工作，有时放松休闲；有时坚决抗衡，有时果断退兵；有时陈述己见，有时沉默以对。成功者能够做到应时而动，无不是依靠独立的精神和自由的意志，结合环境的变化作出自己的判断。

从哲学上分析这个世界是一个矛盾统一体。同样在人的一生当中，许多东西是既对立又统一的，只有我们做到辩证待之，才能取得人生的主动权。一个善于驾驭自我命运的人，是最幸福的人。我们行进在生活的轨道上，必须善于独立自主地作出抉择，不要总是让别人推着走，不要总是听凭他人摆布，而要勇于驾驭自己的命运，调控自己的情感，做自我的主宰者，做命运的主人。

要驾驭命运，我们要学会克服外在因素的制约，自主地择定自己的事业、爱情和崇高的精神追求。一个人的一切成功、一切造就，完全决定于你自己。你应该掌握前进的方向，把握住目标，让目标似灯塔在高远处闪光；你得独立思考，独抒己见。你得有自己的主见，懂得自己解决自己的问题。你不应相信有什么救世主，不该信奉什么神仙和皇帝，你的品格、你的作为，就是你自己的产物。的确，人若失去自己，则是天下最大的不幸；而失去独立自主，则是人生最大的陷阱。

"做你自己！"是美国作曲家欧文·柏林给后期的作曲家乔治·格希文的忠告。柏林与格希文第一次会面时，前者已声誉卓越，而格希文却只是个默默无名的年轻作曲家。柏林很欣赏格希文的才华，并且以格希文所能赚的 3 倍薪水请他做音乐秘书。可是同时柏林也劝告格希文："不要接受这份工作，如果你接受了，最多只能成为欧文·柏林第二。要是你能坚持下去，有一天，你会成为第一流的格希文。"格希文接受了忠告，终于成为当代极富声名的美国作曲家。

每个人都应该明白一个道理：相信自己，创造自己，永远比证明自己重要得多。在骚动、多变的世界面前，我们要打出"自己的牌"，勇敢地亮出自己。你该像星星、闪电、出巢的飞鹰，果断地、毫不顾忌地向世人宣告并展示你的能力、你的风采、你的气度、你的才智。独立自主的人，能傲立于世，能力拔群雄，能开拓自己的天地，得到他人的认同。勇于驾驭自己的命运，学会控制自己，掌控自己的情感，善于分配好自己的精力，自主地对待求学、就业和择友，这是成功的要义。要克服依赖性，不要总是任人摆布自己的命运，让别人推着前行。

人生来就受到主、客观方方面面的牵制。做一个人，将自己的愿望约束在条件许可的范围内，就少了许多痛苦。你也许不能改变别人，但你能掌握自己，支配好自己，这本身就不失为智者的表现，不失为一种充实的表现。

"世界上没有两片相同的树叶"，世界上也没有两个人完全相同。我们每一个人在这世上都是独一无二的。以前既没有像我们一样的人，以后也不会有。遗传学告诉我们，人是由父亲和母亲各自的 23 条染色体组合而成，这 46 条染色体决定了这个人的遗传基因，每一条染色体中有数百个基因，任何单一基因都足以改变一个人的一生。事实上，人类生命的形成真是一种令人敬畏的事情。即使父母相遇相爱孕育了我们，也只有三百万亿分之一的机会有一个跟自己完全一模一样的人。也就是说，即使你有三百万亿个兄弟姐妹，他们也可能只有一个跟我们相同的几率。这是猜测吗？当然不是，这完全是科学的事实。

我们每一个人都是独一无二的。如果我们要独立自主，想发挥自己的特点，只有靠自己。但这并不表示我们一定要标新立异，并不是说我们要奇装异服或是举止怪诞。事实上，只要我们在遵守社会规范的前提下保持自我本色，不人云亦云，不亦步亦趋，就会成为真正的自己。

詹姆士·戈登·基尔凯医生指出："保持人格的独立是全人类的问题。很多精神、神经及心理方面的问题，其隐藏的病因往往是他们不能保持自我。"安吉罗·派屈曾说过："一个人最糟的是不能成为自己并且在身体与心灵中保持自我。"

一个人放弃自我本色意味着什么？意味着去模仿别人，跟在别人的屁股后面转，这样就把别人的特色误以为是自己应该追逐的东西，而渐渐失去自己。放弃自我，模仿他人是成大事者的忌讳。

好莱坞著名导演山姆·伍德曾说过：最令他头痛的事是如何帮助年轻演员保持自我。他们每个人都想成为二流的拉娜·特勒斯或三流的克拉克·盖博，"观众已经尝过那种味道了，"山姆·伍德不停地告诫他们，"观众现在需要点新鲜的。"

西点军校22条军规

203

山姆·伍德在导演《别了，希普斯先生》和《战地钟声》等名片前，好多年都在从事房地产，因此他培养了自己的一种销售员的独立个性。他认为，商界中的一些规则在电影界也完全适用。完全模仿别人绝对会一事无成。"经验告诉我，"山姆·伍德说，"尽量不用那些模仿他人的演员，这是最保险的。"

爱默生在他的短文《自我信赖》中说过：一个人总有一天会明白，嫉妒是无用的，而模仿他人无异于自杀。因为不论好坏，人只有自己才能帮助自己，只有耕种自己的田地，才能收获自家的玉米，上天赋予你的能力是独一无二的，只有当你自己努力尝试和运用时，才知道这份能力到底是什么。

诗人道格拉斯·马洛奇有一首诗写道：

如果你不能成为山巅上一棵挺拔的松树，

就做一棵山谷中的灌木吧，

但要做一棵溪边最好的灌木！

如果你不能成为一棵参天大树，

那就做一片灌木丛林吧！

如果你不能成为一丛灌木，

不妨就做一棵小草，给道路带来一点生气！

你如果做不了麋鹿，

就做一条小鱼也不错，

但要是湖中最活泼的一条！

我们不能都做船长，总得有人当船员，

不过每人都得各司其职。

不管是大事还是小事，

我们总得完成分内的工作。

做不了大路，何不做条羊肠小道，

不能成为太阳，当颗星星又何妨！

成败不在于大小，

只在于你是否已竭尽所能。

一个拥有独立人格的人才会有坚强的自信，这一点对于处在人生起步阶段的青年人来说尤其重要。西方文化对于青年的独立性的教育很值得我们学习。在西方文化中教育青年人要尊重个人价值，个人的尊严是自立、自强观念的核心。

要学会独立思考

艾森豪威尔说过："成功的卓越的领导者必须有自己独特的思考方式，在遇到阻力的时候，必须有自信。"

有一天晚上，最早完成原子核裂变实验的英国著名物理学家卢瑟福走进实验室，当时已经很晚了，见他的一个学生仍俯在工作台上，便问道："这么晚了，你还在干什么呢？"学生回答说："我在工作。""那你白天在干什么呢？""也在工作。""那么你早上也在工作吗？""是的，教授，早上我也工作。"于是，卢瑟福提出了一个问题："那么这样一来，你用什么时间思考呢？"这个问题提得真好！

独立自主不仅意味着行动上的自立，而且意味着思想上的自立，即凡事能独立思考。成大事者大多善于思考而且是独立思考。要成大事的青年人，只有养成了独立思考的个性，才能在风风雨雨的事业之路上独创天下。

拉开历史的帷幕就会发现，古今中外凡是有重大成就的人，在其迈向成功的道路上，都是善于思考而且是独立思考的。

爱因斯坦经过了"10年的沉思"才创立了狭义相对论。他说："学习知识要善于思考、思考、再思考，我就是靠这个学习方法成为科学家的。"达尔文说："我耐心地回想或思考任何悬而未决的问题，甚至连费数年亦在所不惜。"牛顿说："思索，继续不断地思索，以待天曙，渐渐地见得光明，如果说我对世界有些微小贡献的话，那不是由于别的，却只是由于我的辛勤耐久的思索所致。"他甚至这样评价思考："我的成功就当归功于精心地思索。"著名昆虫学家柳比歇夫说："没有时间思索的科学家（不是短时间，而是一年、两年、三年），那是一个毫无指望的科学家。他如果不能改变自己的日常生活制度，挤出足够的时间去思考，那他最好放弃科学。"

但凡成大事者，他们的经历都体现出一个道理：独立思考是一个人成功最重要、最基本的心理品质。所以，养成独立思考的品质是要成大事者必备的条件。

要提高你的创造能力，一定要培养自己的独立思考、刻苦钻研的良好品质，千万不要人云亦云，读死书，死读书。一位学者指出："人们只有在好奇心的引导下，才会去探索被表面所遮盖的事物的本来面貌。"好奇，可以说是创造的基础与动力。牛顿、爱迪生、爱因斯坦都具有少见的好奇心；而居里夫人的女儿则把好奇称为"学者的第一美德"。成功人士总是善于在人们熟视无睹的大量重复现象中发现共同规律，特别注意反常现象而有所创造。而漫不经心的人，往往就不怎么注意那些新奇而有用的东西。纵观一切创造性人才，他们几乎都有一个共同的品质，就是敢想、敢干、敢于质疑，遇事都要问一个为什么。巴尔扎克认为："一切科学之门的钥匙都毫无异议地是问号，我们所有的伟大发现都应该归功于疑问，而生活的智慧大都源自逢事都问个为什么。"

明代思想家吕坤特别反对做事没主心骨，没主见，只是"依违观望，看人言为行止"地做人的毛病。他说，如果做事先怕人议论，没有独立思考的能力，做到中间一有人提出反对意见，就不敢再做下去了，这不仅说明这个人没有"定力"，也说明其没有"定见"。没有定见和定力，就不是一个独立自主的人。吕坤说，做人做事，首先要能独立思考，辨明是非，选择正确的立场观点。吕坤进一步说，每个人的想法都不会完全一致，我们不能要求人人的看法都与自己相同。因此我们做事要看我们想达到的目标效果，而不要过于顾虑事前一些人的议论；等你事情做好了，那些议论自然也止息了。即使事情没做成，但只要是正确的，也就是我应当做的，不论成败。

一个独立自主的人，凡事都有主见，他不会去做效颦的东施徒增笑谈，只要是力所能及，他都会独立思考、解决，因为他知道，轻信别人的观点往往使人失去独立性，而没有自己独立的人格，只依赖别人永远不会成功。依赖使一个人失去精神生活的独立自主性。依赖的人不能独立思考，缺乏创业的勇气，其肯定性较差，会陷入犹疑不决的困境，他一直需要别人的鼓励和支持，借助别人的扶助和判断。

在创业的过程中，总会听到许多反对意见。这些意见或来自朋友与亲近的人，他们从自己的角度考虑，或纯粹是为我们担心，可能不赞成我们的做法；也可能来自那些对我们心怀恶意的人，他们诬蔑、攻击、诽谤，把我们所要做的事说得漆黑一团。面对这种情况，如果我们不能明辨是非，缺乏独立思考的精神，我们就可能半途而废，甚至事情还没做就夭折了。因此，我们要想有所成就，就必须如一句西方格言所说："走自己的路，让别人去说吧！"

当然，这并不是说我们可以不去认真听取别人的有益的意见。如果别人的意见有可取之处，哪怕是来自"敌人"的意见，我们也应该吸取。但这和丧失自己的主见、屈从于他人不正确的议论是两回事。

所谓独立思考就是要不依赖经典，不依赖人言，不依赖过去的经验和成见，使自己成为自觉者，一位能自我实现的人。毛泽东曾告诫共产党员遇事都要问一个为什么，都要经过自己头脑的思考，绝对不可盲从，绝对不可有"奴隶主义"。其实也就是说，"不唯上、不唯书"地独立思考。

索菲娅·罗兰是意大利著名影星，自1950年进入影视界以来，已拍过60多部影片，她的演技炉火纯青，曾获得1961年度奥斯卡最佳女演员奖。她16岁时来到罗马，要圆她的演员梦。但她从一开始就听到了许多不利的意见。用她自己的话说，就是她个子太高、臀部太宽、鼻子太长、嘴巴太大、下巴太小，根本不像一般的电影演员，更不像一个意大利式的演员。制片商卡洛看中了她，带她去试了许多次镜头，但摄影师们都抱怨无法把她拍得美艳动人，因为她的鼻子太长、臀部太"发达"。卡洛于是对索菲娅说，如果你真想干这一行，就得把鼻子和臀部"动一动"。索菲娅可不是个没主见的人，她断然拒绝了卡洛的要求。她说："我为什么非要长得和别人一样呢？我知道，鼻子是脸庞的中心，它赋予脸庞以性格，我就喜欢我的鼻子和脸保持它的原状。至于我的臀部，那是我的一部分，我只想保持我现在的样子。"她决心不靠外貌而靠自己内在的气质和精湛的演技来取胜。她没有因为别人的议论而停下自己奋斗的脚步。她成功了，那些有关她鼻子长、嘴巴大、臀部宽等的议论都"自息"了，这些特征反而成了美女的标准。索菲娅在20世纪行将结束时，被评为这个世纪的"最美丽的女性"之一。

索菲娅·罗兰在她的自传《爱情与生活》中这样写道："自我开始进入影视界起，我就出于自然的本能，知道什么样的化妆、发型、衣服和保健最适合我。我谁也不模仿。我从不去奴隶似的跟着时尚走。我只要求看上去就像我自己，非我莫属……衣服的原理亦然，我不认为你选这个式样，只是因为伊夫·圣罗郎或第奥尔告诉你，该选这个式样。如果它合身，那很好。但如果还有疑问，那还是尊重你自己的鉴别力，拒绝它为好……衣服方面的高级趣味反映了一个人的健全的自我洞察力，以及从新式样选出最符合个人特点的式样的能力。……你唯一能依靠的真正实在的东西……就是你和你周围环境之间的关系，你对自己的估计，以及你愿意成为哪一类人的估计。"

索菲娅·罗兰谈的是化妆和穿衣一类的事，但她却深刻地触到了做人的一个原则，就是凡事要有自己的主见，"不像奴隶似的"盲从别人。你要尊重自己的鉴别力，培养自己独立思考的能力，而不要像墙头草一样，风往哪边吹就往哪边倒。

第二十条 做履行诺言的勇士

正直使你受欢迎

美国第十八任总统格兰特说过："非常情况下能否坚持原则，常常是判断一个人水准的重要依据。"正直与诚实是无价的，是人际关系及商业行为中的至上原则。没有了正直与诚实，人们再也不会相信你，没有了正直与诚实，社会也会抛弃你。今天，我们的社会需要的是这样的医生：如果他们并不知道病人的病情，或者对应当给病人用多少剂量的药品没有把握时，他们不会不懂装懂；我们的社会需要的是这样的政治家，他们不会仅仅沉醉于组织各种各样的委员会，或者为了一些小问题而无休止地扯皮；我们的社会需要的是这样的律师，他们并不为了得到代理费而拼命说服他们的客户提出根本没有胜诉可能的诉讼；我们的社会需要的是这样的商人：他们诚实正直、童叟无欺，一尺就是一尺，一斤就是一斤，牛肉就是牛肉，猪肉就是猪肉，而酒也不必掺水；我们的社会需要的是这样的记者，他们并不会因为追求单纯的经济利益而在主编要求下去写些无聊的花边新闻；我们的社会需要的是这样的男人，他们不会说"因为别人都这么做所以我也要这么做"——总之，年轻人不能冒天下之大不韪而去做些有违诚实要求的事，我们需要的是以欺骗为耻的年轻人。

比彻说："对商业道德的认真思索，会使人从中受益。希望以低于进价的价格买进货物的想法无异于以邻为壑——从别人那里获取利益却不想给予相应的补偿；我们可能偶尔也会得到那种不用付出任何代价就能得到的东西，但是，那种普遍认为人就应该通过剥夺他人的利益来增加自己的利益的观念是不够诚实的，不管我们的传统习惯会不会惩罚这种想法。"

我们社会所需要的是卡莱尔所说的那种"正直、诚实、坦率而言行一致的人"。

缅因州的一个农场主收获了一批质量上乘的苹果，把它们装在桶里进行运输，一路上都没有遭到什么损坏。那农场主在每一个桶上都签了他的名字，并且写明，如果买主发现苹果有什么质量问题，或者对他售出的苹果有什么意见的话，请务必写信告诉他。有一天他收到了一封来自英国的信，信中说，他售出的苹果由于质量好而受到了顾客们的交口称赞，并且希望他把货直接发给英国的经销商。在西印度群岛的各港口，如果一桶面粉上刻有"乔治·华盛顿制——弗农山"的标志，就可以使面粉免于检查——因为这个标志就是质量好与数量准确的代名词。无论是用何种计量方法来检查一批面粉中的任何一桶，其质量与数量皆无两样。它的精确得到了各地消费者的普遍承认。

梅耶·安塞姆是赫赫有名的罗特希尔德家族财团的创始人，18世纪末他生活在法兰克福著名的犹太人街道时，他的同胞们往往遭到令人发指的残酷迫害。虽然关押他们房子的门已经被拿破仑推倒了，但此时他们仍然被迫要求在规定的时间回到家里，否则将被处以死刑。他们过着一种屈辱的生活，生命和尊严遭到践踏，所以，一般的犹太人在这种条件下很难过一种诚实的生活。但实践证明，安塞姆不是一个普通的犹太人，他开始在一个不起眼的角落里建立起了自己的事务所，并在上面悬挂了一个红盾。他将其称之为罗特希尔德，在德语中的意思就是"红盾"。他就在这里干起了借贷的生意，迈出了创办横跨欧陆的巨型银行集团的第一步。

当兰德格里夫·威廉被拿破仑从他在赫斯卡塞尔地区的地产上赶走的时候，他还拥有500万的银币，他把这些银币交给了安塞姆，并没有指望还能把它们要回来，因为他相信侵略者们肯定会把这些银币没收的。但是，安塞姆这位犹太人却非常精明，他把钱埋在后花园里，等到敌人撤退以后，就以合适的利率把它们贷了出去。当威廉返回来的时候，等待他的是令他喜出望外的好消息——安塞姆差遣他的大儿子把这笔钱连本带息送还了回来，并且还附了一张借贷的明细账目表。

在罗特希尔德这个家族的世世代代当中，没有一个家庭成员为家族诚实的名誉带来过一丝的污点，不管是生活上的还是事业上的。如今，据估算，仅"罗特希尔德"这个品牌的价值就高达

4亿美金。波士顿市长哈特先生说，50年来，他目睹了诚实和公平交易的深入人心，90%的成功生意人都是以正直、诚实著称的，而那些不诚实的人的生意最终都走向破产。他说："诚实是一条自然法则，违背它的人会得到报应，受到应有的惩罚，就像万有引力定律不可违背一样，诚实的定律也是不可违背的。违背的结果就是受到惩罚，不可逃脱的惩罚。或许他们可以暂时地逃避，但最终却无法逃避公平。商人拥有顾客们所需要的东西，同时商人也需要顾客所拥有的东西。当交易发生的时候，如果双方都是诚实的，那么双方都会受益。对资本家和工人来说，诚实对双方都是有利的。如果资本家不能诚实地对待工人，那么资本家不会赢得利润；反之亦然。就像90%的成功人士的经验所证明的，这是一条在生活中的方方面面都行得通的法则。"

一个年轻人说："我一直都很诚实，也很正直，可并没有因此而成功。"仅仅做到诚实与正直，你当然不会成功，但是如果你想成功，就不要忘记打出诚实、正直这张牌，只有这样，你距离成功才会越来越近。

要做履行诺言的勇士

人要讲信用，这是成功起码应当遵守的准则。否则尔虞我诈，互相失去信用，就会影响人与人之间的正常关系，就会阻碍成功的步伐。

信用是一种品德，一个人对别人要有信用，对自己也要有信用，要做到心口如一。承诺别人的，要守信；承诺自己的，也要守信。真实地面对自己，真实地面对别人，真实地面对社会，不屈从自己的内心欲望，不屈从自己内心的恐惧，不掩饰自己的错误，这是很难做到的。正所谓人无信不立，企业无信不长，社会无信不稳。

有这样一个有趣的故事：一个在中国大学里教公共英语的外教，上课特别认真，为了教好中国学生的外语，还特地和几个同事合编了一本配合教材的参考书。学期期末考试的时候，中国老师按照习惯都要画重点。但是这个人却没有复习画重点，而是打开他们编的参考书的最后一课，学了一篇《关于诚实》的文章，文章中有一段话："听说作弊在中国是一种普遍现象，每个学生都作弊。打死我也不相信！因为，一个作弊的民族怎么可能进步和强大！而中国正一天天地进步，一天天地强大。"

课文的最后还说："即使你真的作弊了，我们也不会戳穿你，我们还会装作没有看见，眼睛故意向别处看，因为，生活本身对作弊者的惩罚要严厉得多！孩子，你的信誉价值连城，你怎么舍得用一点点考分把它出卖了？信用无价。糟蹋自己的信用无异于在拿自己的人格做典当，而且可能是你赎不回的典当。有些人开始经商时，常常有这样的看法，即认为一个人的信用是建立在金钱基础上的。一个有钱的人、有雄厚资本的人，就有信用，其实这种想法是不对的。与百万财富比起来，诚实的个性、精明的才干、吃苦耐劳的精神要高贵得多。"

任何人都应该努力培植自己良好的名誉，使人们都愿意与你深交，都愿意竭力来帮助你。一个明智的商人一定要把自己训练得十分出色，不仅要有经商的本领，为人也要做到十分诚实、坦率，在决策方面要培养坚定而迅速的决断力。有很多银行家非常有眼光，他们对那些资本雄厚，但品行不好、不值得人信任的人，绝不会放贷一分钱；而对那些资本不多，但诚实、肯吃苦、能耐劳、小心谨慎、时时注意商机的人，他们则愿意慷慨相助。银行信贷部的职员们在每次贷出一笔款之前，一定会对申请人的信用状况研究一番：对方生意是否稳当？能否成大事？只有等到觉得对方实在很可靠，没有问题时，他们才肯贷出这笔款。

"商业？这是十分简单的事，就是借用别人的资金！"小仲马在他的剧本《金钱问题》中这样说。是的，商业是那样的简单：借用他人的资金来达到自己的目标。这是一条致富之路。富兰克林是这样做的，立格逊是这样做的，希尔顿是这样做的，恺撒是这样做的，桑德斯是这样做的，克洛克也是这样做的。即使你很富裕，对于这样的机会，你也不应放过。"借用他人资金"的前提条件是：你的行动要合乎最高的道德标准——诚实、正直和守信用。你要把这些道德标准应用到你的各项事业中去。

不诚实的人是不能够得到信任的。"借用他人资金"必须按期偿还全部借款和利息。没有信用，即使身家百万，银行也会望而却步。缺乏信用是个人、团体或国家逐渐失去成功诸因素中的一个重要因素。因此，请你听从明智而成功的本杰明·富兰克林的忠告。

富兰克林在1784年写了一本书，名为《对青年商人的忠告》。这本书讨论到"借用他人资金"的问题："记住：金钱有生产和再生产的性质。金钱可以生产金钱，而它的产物又能生产更多的金钱。"富兰克林又说，"记住：每年6镑，就每天来说，不过是一个微小的数额。就这个微小的数额来说，它每天都可以在不知不觉的花费中被浪费掉，一个有信用的人，可以自行担保，把它不断地积累到100镑，并真正当100镑使用。"

富兰克林的这个忠告在今天具有同样的价值。你可以按照你的忠告，从几分钱开始，不断地积累到500元，甚至积累到几百万元。这就是希尔顿做到的事。他是一个讲信用的人。希尔顿旅社公司过去靠数百万美元的信贷，在一些大机场附近为旅客建造了一些附有停车场的豪华旅社。这个公司的担保物就是希尔顿诚实的名声。

查尔斯·克拉克先生这样认为："很多人能成大事靠的就是获得他人的信任。但到今天仍然有许多商人对于获得他人的信任一事漫不经心、不以为然，不肯在这一方面花些心血和精力。这种人肯定不会长久地发达，可能用不了多久就要失败。我可以十分有把握地拿一句话去奉劝想在商业上有所作为的青年人，你应该随时随地地去提高你的信用。一个人要想提高自己的信用，并非心里想着就能实现，他一定要有坚强的决心，以努力奋斗去实现。只有实际的行动才能实现他的愿望，也只有实际行动才能使他有所成就。也就是说，要获得人们的信任，除了人格方面的基础外，还需要实际的行动。

　　"任何一个青年人在刚跨入社会时，绝对不会无缘无故立即得到别人的信任。他必须发挥出所有的力量，在财力上建立坚固的基础，在事业上获得发展、有所成就。然后，他那优良的品行、美好的人格总会被人发现，总会使人对他产生完全的信任，他也必定能走上成大事者之路。在社会交往中，人们最关注的不是那个成大事者的生意是否兴隆，进账是否多；他们最关注的往往就是那个人是否还在不断进步，他的品格是否端正，信用是否良好，以及他创业成大事的历史、他的奋斗过程。"

　　很多青年人都没有注意到：越是细小的事情，越容易给人留下深刻的印象。要获得他人的信任，最关键的就是要诚实。信源于诚。诚实是一种美德，人们从来也未能找到令人满意的词来代替它。诚实比人的其他品质更能深刻地表达人的内心。诚实或不诚实，会自然而然地体现在一个人的言行甚至脸上，以致最漫不经心的观察者也能立即感觉到。不诚实的人，在他说话的每个语调中，在他面部的表情上，在他谈话的性质和倾向中，或者在他待人接物中，都可显露出他的弱点。

第二十一条　凡事要有战略眼光

方法也是一种能力

西点军校有这样一则校训："正确的战略战术比优势兵力更重要。"思维决定一个人的选择，包括他的前途。在工作中，我们难免碰到诸多困难，这些都不是最可怕的，最可怕的是有人被吓傻了，不懂得寻找解决之道。我们要知道，成功不相信眼泪，它只需要我们开动脑筋，寻找方法。俗话说得好，"磨刀不误砍柴工"，一个好的方法不仅能够帮助我们战胜各种困难，还能在关键时刻助我们一臂之力，一个人想要取得更大的成功，同样需要方法，而其中的关键是在困难与成功面前，你要带着思考去工作。

英国著名军事战略家李德·哈特曾经对有史以来世界上最经典的 290 个战例一一做了胜败分析。结果，他发现以正面攻击取胜的战例只有 6 个。而且这 6 个都不是一开始就计划采取正面攻击的，而是在战斗的过程中，迫于需要而改变战术的结果。这一研究结果让人感到非常惊讶。因为大多数人都认为，正面攻击是唯一制胜的手段。这一研究结果对西点的一些传统教学理念产生了深远的影响。

在西点，鲁莽行事、以硬碰硬被视为是一种极其愚蠢的表现。西点人看重勇气与决心，但也重视方法。西点人认为一场没有方法的进攻只能导致失败，只有勤于思考的人才能领导人们走向胜利。

在长期的军事生涯中，西点军校1915届毕业生，五星上将布莱德雷非常注意斗争策略，从不逞匹夫之勇硬冲硬打，鲁莽行事。在战斗中，有时候敌人的力量相对强大，布莱德雷总能够保持冷静的头脑，从不冒险去攻击敌人，甚至作出某些让步。在一次攻坚战中，敌军的力量相当强大，布莱德雷奉命在天黑之前攻下敌人的山头。在攻打了几个小时后，敌军强大的武器装备使布莱德雷的军队难以抵挡。于是，布莱德雷便率兵退下阵来。得知他们撤退的消息后，布莱德雷的长官非常生气，以为布莱德雷是败退。晚间，长官正要找布莱德雷训话，却听到了山后面的枪炮声。原来，布莱德雷退下来后便率兵悄悄地绕到敌人阵地的后面，准备给敌人一个突然袭击。

布莱德雷很清楚，在军事斗争中，只贪一时之功，图一时之快，危险非常大，有时很可能导致全军覆没，前功尽弃。只有具备了长远眼光和全局观念，有屈有伸，才有可能夺取最后的胜利。

与迂回包抄、以退为进的方法相配套的是，西点人重视集中打击，以优势兵力取得阶段性胜利。担负打仗任务的士兵要到前方巡视。一般说来，军人会有这样几种巡逻方式：侦察式巡逻，意思是在一定距离上了解敌人，尽可能多地收集有用情报。深入敌方进行巡逻是为了通过敌方而尽量不被发现、穿越敌军边界，以便对敌军全貌、敌人在干什么有个详尽的了解。探查式巡逻，意思是静静地袭扰敌人到其不得不开火的程度，由此暴露出敌军的火力位置，发现敌军防御中的缺陷和弱点。一旦这些防守弱点暴露出来，负责巡边的士兵便可以确定怎样利用它们。将最大力量用于打击敌军这些敏感地带，便是将有限资源用到了产生最有利的效果之处。

当然，西点人所用的方法并不局限于此。他们相信，只要有思考，就绝对没有解决不了的难题。这个世界上没有绝对的困难与失败，有时候我们需要的只是调整一下思路，转变一下视角。

亨利·约翰·海因茨出生在一个农民家庭。8岁时他带着弟弟妹妹们在父亲砖厂的空地上开垦了一块小菜园，种植西红柿、洋葱、土豆等蔬菜。到了收获季节，他们就挎着菜篮向邻居和砖厂的工人兜售蔬菜。弟弟妹妹们都把这件事当成一种好玩的游戏，但过了一阵子也就厌倦了，海因茨却乐此不疲。10岁时他就自己推着载满鲜菜的独轮车走街串巷去叫卖，16岁时他已成为一个小老板，手下有了好几个伙计替他种菜和卖菜。这种最初级的经营活动使海因茨对商业产生了浓厚的兴趣。他的父亲也希望儿子的商业天才能助自己一臂之力，于是把他送进达夫商业学校深造。

海因茨毕业后，父亲把砖厂会计的职务交给了他，然而他却对蔬菜更感兴趣。他认为现在人们的饮食特别单调，需要改善。蔬菜生产出来，如果不能及时卖出去就会腐烂，而在不产蔬菜的季节，人们往往因为缺少蔬菜而变得营养不良。1869 年，25 岁的海因茨决定离开砖厂，与 L.C. 诺贝尔共同创办了海因茨·诺贝尔公司，他们把海因茨菜地里产的辣椒加工成瓶装产品出售，这样不仅可以保证蔬菜的质量而且可以在任何季节食用。后来，他们又增添了泡菜和酱菜的销售。

然而好景不长，1873 年，美国发生金融大恐慌，他们的这家小公司由于得不到贷款，难以继续生产，旋即倒闭。这短短 4 年的经营却使海因茨认识到食品市场的巨大潜力，于是他决定卷土重来。

1875 年，海因茨又与弟弟和一个表弟合资开办了 F&J 海因茨公司，继续从事调味品、酱菜及其他加工食品的业务。

他发现美国人的一日三餐太平淡、太单调了，人们渴望改变，渴望过高质量的生活。他抓住人们的这个心理，决定制作出味道更丰富、品种更齐全的食品以适合不同口味的人。他策划了一个"57 变"的广告营销。"57 变"的意义在于，一年 52 周可以为顾客提供与周围不同的食品，加上圣诞节、感恩节、新年、独立日和复活节 5 个节日的节日食品，顾客在一年中可以享用 57

种全新的佐餐食品。这完全是为了改变人们的饮食，为人们的生活增加一些营养而设计的，是一个很简单的创意，然而，却给人们留下了很深的印象，"57变"的口号深深地印在顾客的脑海中，使人们一旦想换换口味就自然而然地想到F&J海因茨公司。

后来，F&J海因茨公司的产品不断地增加。在1893年芝加哥世界博览会上，F&J海因茨公司的展台在所有食品商中最大，展品最丰富，种类超过百余种。到1900年，F&J海因茨公司的产品种类超过200种，跃居美国大公司之列。但海因茨仍以琅琅上口的"57变"为广告词，并在纽约繁华的第5大道和第23大街树起了两块巨型广告牌。一入夜，1200盏聚光灯把写有"57变"的广告牌映照得格外夺目、灿烂，它成了纽约夜景的一大点缀。在商界，人们都把海因茨称为"广告怪才"。

亨利·约翰·海因茨成功了。随着产品的增多，公司的业绩也在不断地上涨，到1919年的时候，公司员工达到6500人，有25家分厂以及10万英亩的蔬菜基地。

F&J海因茨公司是一家传统企业，生产的是人们每天都离不开的食品，可以说，这是一件很多人都能做的非常平凡的事情，可是如果你带着创新的思想去工作，那么你也可以在平凡的事情上做出不平凡的事业。在这一点上，海因茨做到了，而且做得很出色。面对平平无奇、竞争激烈的蔬菜市场和佐餐食品，海因茨没有墨守成规，而是开动脑筋，大胆创新，打出了著名的"57

变"。事实证明，勤于思考、勇于创新不仅能够改变我们的一日三餐，还能改变整个世界。在工作中，员工也应当如此，多问自己几个为什么：我为什么这方面做得比较好？为什么另一方面的业绩一直不稳定……把思考带到工作当中，试着找原因，探索新方法，将会令你在事业上更加轻松和成功。

美国有一位名叫贝特格的保险营销高手，曾一度陷入生意的困境，很烦恼。但他走出困境的方法很独特：他初入保险业时也是踌躇满志，无限热爱工作，可业绩一直不佳，他因此灰心丧气，欲就此放弃。某个周末的早上，他苦苦思索问题的根源，并决定如果理不出什么头绪来的话，就干脆辞工改行。那天早上，他自问自答了这样几个问题：

——问题到底是什么？

他回忆，有时在与客户洽谈一单业务时，似乎进展非常顺利，但往往在要落单的节骨眼上，客户却突然就此打住，说下次有时间再面谈。而恰恰就是这些所谓的"下次面谈"，耗费了他大量的时间和精力，使他产生一种挫败感。

——问题的根源在哪里？

他有个好习惯，喜欢做工作记录。于是，他拿出最近12个月的记录，作了一番统计分析，得出的结果使他茅塞顿开。他发现自己的生意有70%是在首次与客户的洽谈中一次成功的，还有23%的生意是在第二次洽谈中拿下来的，只有7%的生意却需要在第三次、第四次、第五次，或更多次的洽谈之后才能成交。而正是这7%的生意把他搞得筋疲力尽、狼狈不堪。也就是说，他几乎每天都要花上半天的时间疲于奔命于这充其量只占7%的生意额上，结果得不偿失。

——解决方案是什么？

问题的根源一找到，答案似乎也就迎刃而解了。他立即快刀斩乱麻，把那些需要进行3次以上洽谈的生意一笔勾掉。把由此节省下来的时间去专门挖掘潜在客户。结果，他取得的业绩简直令人难以置信，在很短的时间内，他的人均洽谈成交额就翻了一番。

与其探求别人成功的秘诀，不如多问问自己失败的原因。很多时候，我们并不是找不到改进工作、提升自我的方法，而是缺乏反省与思考。如果我们能像贝特格那样勤于思考，又何愁找不到业绩不高的"病因"，然后对症下药呢？有时人们觉得无路可走，往往是因为不敢想、不去想，而非其他。

工作并非没有改进的方法，只是你没往这方面想罢了。世界上唯一可能的事就是没有什么不可能，思考将有助于我们发现问题、找到方法，从而实现事业的突飞猛进。爱因斯坦曾说，学校的目标应当是培养有独立行动和独立思考能力的个人。"发展独立思考和独立判断的一般能力，应当始终放在首位。"记住"方法也是一种能力"，追求成本收益的最大化才是成功之本。

把握机遇

西点军校前校长佛雷德·W.斯莱登说："在人生的战场上，幸运总是光临到能够努力奋斗并抢占先机的人身上。"爱因斯坦曾说过："机遇只偏爱有准备的头脑。"所谓"有准备的头脑"指两方面的内容：一是知识的积累。没有广博而精深的知识，要发现和捕捉机遇是不可能的。二是思维方法的准备。只具备知识，而没有现代思维方式，就看不到机遇，只好任凭它默默地从你身边溜走。

任何人的成功都是来自于自觉自愿地去寻找机会、发挥创造力。那些甘于沉沦和平庸的人最终会沉沦和平庸下去，而那些主动执行、善于创造机会的人，则从最平淡无奇的生活中找到一丝微弱的机会，他们用自身的行动改变了他们的处境。

19世纪的英国物理学家瑞利从日常生活中观察到：端茶时，茶杯会在碟子里滑动和倾斜，有时茶杯里的水也会洒出一些，但当茶水稍洒出一点弄湿了茶碟时，会突然使茶杯不易在碟上滑动。他对此做了进一步研究，做了许多相类似的实验，结果求得一种求算摩擦的方法——倾斜法，他因此获得了意外的惊喜。

富尔顿10岁时，和几个小朋友一起去划船钓鱼。富尔顿坐在船舷上，他的两只脚不在意地在水里来回踢着。不知什么时候，船缆松了扣，小船漂走了。富尔顿没有忽视这种生活中的小

西点军校22条军规

事，他发现自己的两只脚起了船桨的作用。富尔顿长大以后，经过刻苦的学习和研究，终于制造出世界上第一艘真正的轮船。

西点人从不会说自己没有机会，就像他们不会为自己寻找借口一样。他们认为："一个人必须为自己创造机会，就像时常发现它一样。"有许多人终其一生，都在等待一个足以令他成功的机会。而事实上，机会无处不在，重要的在于你是否已准备好了，一旦机会降临，你是否能牢牢地把握。愚者错失机会，智者善抓机会，成功者创造机会。机会总是光顾那些有准备的人。

如何抓住机遇，并没有固定的模式和准则可循，但过人的洞察力和判断力无疑是非常重要的。平时要留心周围的小事，有敏锐的洞察力，这样才能保证你在机遇来临时不致错过。牛顿不放过苹果落地、伽利略不忽视吊灯摆动、瓦特研究烧开水后的壶盖跳动……本来这些都是司空见惯的现象，但是他们那过人的洞察力使得他们看到了常人看不到的东西，从而有所发明或发现。

在日常生活中，常常会发生各种各样的事，有些事使人感到惊奇，并会引起多数人的注意；有些事则平淡无奇，许多人漠然视之，但这并不排除它可能包含有重要的意义。一个有敏锐洞察力的人，就能够从日常生活中发现不奇之奇。

《致富时代》杂志上，曾刊登过这样一则故事：有一个自称"只要能赚钱的生意都做"的年轻人，在一次偶然的机会，听人说，市民缺乏便宜的塑料袋盛垃圾。于是他立即进行了市场调查，通过认真预测，认为有利可图，于是着手行动，很快把物美价廉的塑料袋推向市场。结果，靠那条别人看来一文不值的"垃圾袋装"的信息，两星期内，这位小伙子就赚了 4 万块。

敏锐的洞察力是把握机遇的好帮手。除了洞察力之外，要想把握机遇，还必须有过人的判断力。有些人不是没有成功立业的机遇，只因他们的判断力太差，所以最终导致不能把握机遇。他们做人好像永远不能自主，非有人在旁扶持不可，即使遇到任何一点小事，也得东奔西走地去和亲友邻人商量，同时脑子里更是胡思乱想，弄得自己一刻不宁。于是越商量、越打不定主意、越东猜西想、越是糊涂，就越弄得毫无结果，不知所终。

没有判断力的人，往往使一件事情无法开场，即使开了场，也无法进行。他们的一生，大半都消耗在没有主见的怀疑之中，即使给这种人成功的机遇，他们也永远不会达到成功的目的。一个成功者，应该具有当机立断、把握机遇的能力。他们只要自己把事情审查清楚，计划周密，就不再怀疑，立刻勇敢果断地执行。因此任何事情只要一到他们手里，往往能够大获成功。

一个有计划、有主见、有判断力的人，绝不会把自己的计划拿来拿去与人商议不决，除非他所遇见的是见识能力高他一筹的人。他凡事先前前后后仔细地研究，正如前线将官在作战之前仔细研究地势、军机，然后拟订作战计划，开始进攻一般。一个头脑清楚、具有判断力的人，他的意志一定十分坚决，他不会模棱两可，更不肯投机取巧。他永远不会徘徊犹豫、东探西问，或是赌气退出而导致前功尽弃，只要计划好了，主意定了，他一定不再徘徊不前。因为他知道，只有这样，才可能把握住机遇。判断力和洞察力一样，都是把握机遇必不可少的能力。

我们要善于在日常生活中捕捉信息并且利用信息，只有这样机遇才不会从我们身边溜走。古语云："月晕而风，础润而雨。"意思就是说月亮周围出现光环，那就预示将有大风刮来，柱子下面的石墩子返潮了，则预示着天要下雨。这是古代人们利用天象这一信息来预知刮风下雨，从而为挡风防雨做准备。把这句话用在对机遇的把握上，就是告诫我们要善于利用各种信息，从中捕捉机会，从而为成功做好准备。先知"础润"而迅即"张伞"，把握和充分利用机遇，就能有效地改变人生，把潜在的效益变成现实的效益。

在圣诞节前夕，美国曼尔登公司的一位经理从芝加哥去旧金山进行市场调查。在火车上，一位身穿圣诞节礼服的女郎格外惹人注目，同车的少女甚至中年妇女都目不转睛地看着她那件礼服，有的妇女还特意走过去打听这件礼服是从哪里买到的。这位经理看在眼里，灵机一动，觉得赚钱的机会来了。当时已是12月18日，离圣诞节仅一周时间，圣诞节礼服在这段时间一定是热门货，在一个火车上就有那么多妇女喜欢那位女郎的金装圣诞节礼服，推而广之，整个美国该是多么庞大的市场！于是他非常礼貌地向那位女郎提出拍张照片作为留念的请求，那位女郎欣然应承。拍完照片后，那位经理便中途下车，向公司发出传真电报，要求公司务必在 12 月 23 日前向市场推出 1 万套这种服装。曼尔登公司接到经理的传真电报后，立即召集公司的设计师，按传真过来的服装照片式样设计，并于当晚 23 点 25 分，向所属的服装加工厂下达投料生产指令，以最快的速度，日夜加班，生产出 1 万套"圣诞节金装女郎"礼服。12 月 22 日下午 2 点，1 万套"圣诞节金装女郎"礼服同时出现在曼尔登公司的几个铺面，立即引起妇女们的兴趣，她们争先恐后地购买，到 12 月 25 日下午 4 点，1 万套"圣诞节金装女郎"礼服除留下两套作为公司保留的样品，一套赠给火车上那位女郎外，其余全部销售一空，公司净赚 100 万美元。

"圣诞节金装女郎"礼服成功的经验说明，要想成功，必须善于观察日常生活，捕捉和利用各种信息，从而发掘机遇。生意人最讲究反应敏捷，行事果敢。抢先一步，往往就能抢得先机、掌握竞争的主动权。而抢先一步，需要的是充分的信息以及一个能够灵敏判断信息的头脑，需要超前的"注意力"。

第二十二条　不断提高个人修养

人格的完善是本

一位西点毕业生在谈到西点的独特之处时说过:"美国前500强大企业是教给人伦理,而西点是教给人品德。"健全的人格,高尚的品德是比金钱、权势更有价值的东西,是一个人成功最可靠的资本。拥有健全的人格和高尚的品德,哪怕你没有显赫的地位、渊博的学识,同样可以取得人生的辉煌。

"士有百行,以德为首。"在人才成功诸因素中,高尚的德行、健全的人格有其特有的魅力。成才,即是塑造人。人格则是领衔的要素。一位文化大师教导年轻人说:"学识的准备,人格的准备,争取去做一个成功的人、可爱的人。因你的到来,使人类的光亮度有所提高——这便是生命的全部价值。"

美德是人才的灵魂,是人才的立身之本。良好的德行是统帅,是方向盘,也是成才的深层的动因。许多卓越的人才,不仅以令世人瞩目的学术成果称雄于世,而且首先以高尚的德行成为人们学习的楷模。他们是学术英雄,也是道德英雄,优秀的道德品质是他们闪亮人生的极富光彩的一章。众多的才杰，以闪光的美德向人们昭示，重德、立德是人才最可贵的素质。

一个人如果需要的话，什么都可以舍去，但唯独人格不能丢失，德行不能沦丧。让德行与生命同行，这样，生活一天，就是充实而快乐的一天。重视德行陶冶的人，常能抑制住浮躁、贪求的灵魂，保持理性的人生。创造一个美的人生，必须要有良好的人格魅力，即美的情操、美的品格、美的心境及美的人际关系。人才自身就要熔注美的心灵，以美的行为、美的情思、美的建树、美的奉献，为自己留下闪光的人生轨迹。

大智慧加上大道德，是一个人成功的最基本的素质。

爱因斯坦是一位人格高尚的英才。他认为，"第一流人物对于时代和历史进程的意义，在其道德品质方面，也许比单纯的才智成就方面还要大。即使是后者，它们取决于品格的程度，也远超过通常所认为的那样。"他告诫人们，要使自己一生的工作于社会有益，"保证我们科学思想的成果会造福于人类，而不致成为祸害。"他主张："对个人的教育，除了要发挥他本人天赋的才能外，还应当努力发展他对整个人类的责任感，以代替我们目前这个社会中对权力和名利的赞扬。"

爱因斯坦本人就是一个有强烈社会责任感的科学家。在政治上，他反映了社会进步的要求，与邪恶势力进行不屈不挠的斗争。面对反动势力的迫害，他有志于为祖国的文明、幸福和利益而牺牲个人的幸福，甚至准备坐牢和经济破产。他总是以"替人类服务"为己任，矢志于壮丽的科学事业。爱因斯坦的个人人格是为人交口称道的。他既谦逊，而又有强烈的自信心，不为名望所累，不怕否定自己的错误。他过着简单淳朴的生活。他一贯认为"给予较之接受更令人欣喜"。他说："一个人的价值，应当看他贡献什么，而不应当看他取得什么。""人只有献身于社会，才能找出那实际上是短暂而有风险的生命的意义。""人们所努力追求的庸俗的目标——财产、虚荣、奢侈的生活——我总觉得都是可鄙的。"

在爱因斯坦给玻恩夫人的书信中，坦言自己的生活准则："我每天上百次地提醒自己：我的精神生活和物质生活都依靠着别人（包括活着的人和已死去的人）的劳动，我必须尽力以同样的分量来报偿我所领受了的和至今还在领受着的东西。我强烈地向往着俭朴的生活，并且时常为发觉自己占有了同胞的过多劳动而难以忍受。"

任何人都应该懂得，人格是一生最重要的资本。一个人要想赢得别人的信任，要获得别人的信任与重视，首先应该做到无私。一切成功均沐浴着一种美德和真诚的情感。

众所周知，优良的道德能塑造人，它是成才的精神基石。而忽视自身道德的建设，人格失落，必对成功产生恶劣的消极影响。德行败坏的人，能力越强，危害越烈。个人道德品质的提高，有赖于社会的教育和熏陶，更需要自我的学习和"修炼"。当今，我们要积极吸取精神文明的有益成果，提升自己的道德水平。同时，要筑起精神的"防洪墙"，防范"精神缺钙"、"道德贫血"等不良世风对自己的蚕食和瓦解。

无论你从事何种行业要取得成功，或者你要成为一个成功者，必须具有健康的品德，培养完整的人格。为什么有的人会从芸芸众生之中脱颖而出，为什么有的人又会默默无闻？卡耐基认为区别就在于，他们是否已具备了某种完整或适用的人格。而且，这种人格离我们并不遥远。卡耐基在很多年前就已经发现，虽然他不能阻止别人不对他作任何不公正的批评，他却可以做一件更重要的事：他可以决定是否要让他自己受到那些不公正批评的干扰。正如卡耐基所说："尽可能去做你应做的事，然后把你的破伞收起来，免得让批评你的雨水顺脖子后面流下去。"

健全的人格使你有勇气和韧性去面对他人的眼光，而坚定自己的方向。只要你觉得是正确的事，那你就尽你的可能去完成它。在这里，我们有必要把卡耐基的人格作一番描述与介绍。

在卡耐基哲学中的人格，是指人的性格、气质、品质等各方面素质与表现程度的总和。人格的内涵与外延，都有它的广义和狭义之分。实际上，人格的内涵不仅有品质的高低之分，好坏之分，也有气质、性格的成熟与幼稚之分。人格的品质内涵具有伦理、道德、礼仪的社会特征；而人的气质、性格外延又与个体成长的环境有关。卡耐基在与依长博·罗斯福谈话中谈及人格的问题："面对别人的目光时，自己的行为有何表现是人格的表征。"依长博·罗斯福谈及小时候她姨妈对她的忠告："不要管别的人怎么说，只要你自己心里知道是对的就行。"

能从一切羁绊之中得以超脱，才可能获得真正的自由，人格之门正是这自由得以升华的中介。当你为烦恼所困时，如能了解自己的本心，便可找出自身特点及问题的症结，重塑自我的人格。培养完善的人格要避免自我人格褪色。

一个人想要集他人的所有优点于一身，是最可笑的行为。卡耐基说："我们不要模仿别人。让我们找到自己，发现自我，保持本色。"

卡耐基曾问索凡石油公司的人事部主任肯鲍·迈克尔，来求职的人常犯的最大错误是什么。卡耐基相信——他应该知道，因为他曾经和6万多个求职的人交谈过，还写过一本关于谋职的方法的书。他回答卡耐基："来求职的人所犯的最大错误就是不保持本色。他们不以真面目示人，不能完全坦诚，却给你一种他以为你想要的回答。"可是这个做法一点用都没有，因为没有人需要伪君子，就像从来没有人愿意收假钞票。

詹姆斯·高登·季尔博士说："保持本色的问题，像历史一样的古老，也像人生一样的普遍。"不愿意保持本色，即是很多精神和心理问题的潜在原因。我们每个人的个性、形象、人格都有其相应的潜在创造性，我们完全没有三心二意的必要，而去一味嫉妒与猜测他人的优点。

在个人成功的经验之中，保持自我的本色及用自我创造性赢得一个新天地，是更有意义和可比性的东西。你在这个世界上是个新东西，应该为这一点而庆幸，应该尽量利用大自然所赋予你的一切。

归根结底，所有的艺术都带着一些自传体。你只能唱你自己的歌，你只能画你自己的画，你只是做一个由你的经验、你的环境和你的家庭所塑造的你。不论好坏，你都是自己创造一个自己的小花园；不论是好是坏，你都得在生命的交响乐中，演奏你自己的小乐器；不论是好是坏，你都在生命的沙漠上清点自己已走过的脚印。在每一个人的教育过程中，他一定会在某个时候发现无知的模仿也就意味着自杀。

好习惯成就人的一生

丘吉尔在第二次世界大战期间担任英国首相，当时他已经60多岁了，却能够每天工作16个小时，指挥英军的作战，他的精神被很多人敬佩。当人们问及他保持如此旺盛精力的秘诀时，丘吉尔回答道："因为我已经习惯于勤奋，如果一个人习惯于懒惰，他就会一事无成。"

好的习惯可以使你走向成功，坏的习惯会延误你的一生。成功与失败的最大分别，来自不同的习惯。懂得培养自己的好习惯，我们才能把握住自己的命运。好习惯是开启成功的钥匙，坏习惯则是一扇向失败敞开的门。人生是一场优胜劣汰的竞争，在追求成功的道路上，良好的习惯常常是获得成功的捷径。

富兰克林是美国著名的科学家、物理学家和社会活动家。他这一生在很多领域都取得了杰出的成就，不仅发明过双焦距透镜，而且还参与起草了美国《独立宣言》。富兰克林曾在青年时发誓改掉身上的坏习惯。他制订了一个计划来克服他身上最主要的13个坏习惯：

（1）节制——食不过饱，饮酒不醉。

（2）寡言——言必于人于己有益，避免无益的聊天。

（3）生活有序——置物有定位，做事有定时。

（4）决心——当做必做，决心要做的事应坚持不懈。

（5）俭朴——用钱必须于人或于己有益，换言之，切忌浪费。

（6）勤勉——不浪费时间，每时每刻做些有用的事，戒掉一切不必要的行动。

（7）诚恳——不欺骗别人，思想要纯洁公正，说话也要如此。

（8）公正——不做损人利己的事，不要忘记履行对人有益而又是你应尽的义务。

（9）适度、避免极端——人若给你应得的处罚，你应当容忍。

（10）清洁——身体、衣服和住所力求清洁。

（11）镇静——勿因小事或普通的、不可避免的事故而惊惶失措。

（12）贞节——克制自己的欲望，珍惜自己的身体，不过于放纵自己。

（13）谦虚——仿效耶稣和苏格拉底。

富兰克林将上述 13 种好习惯写在了一个笔记本上，并制成一个小册子，每日都要对着小册子逐条反省自己的行为。他在自己的自传中提到了这种方法，他写道：我的目的是养成所有这些美德的习惯。我认为最好还是不要立刻全面地去尝试，以致分散注意力，最好还是在一个时期内集中精力掌握其中的一种美德。当我掌握了那种美德以后，接着就开始注意另外一种，这样下去，直到我掌握了 13 种为止。因为先获得的一些美德可以为其他美德的培养提供便利，所以我就按照这个主张把它们像上面的次序排列起来。

富兰克林在回首年轻时的这段经历时说："一个人一旦有了好习惯，那它带给你的收益将是巨大的，而且是超出想象的。"的确，好的习惯能够成就你的一生。

人们把习惯比作人的"第二天性"，实际上，人们性格中的很大一部分，所表现的正是一个人习惯化了的行为方式。行为科学研究表明一个人一天的行为中大约只有 5% 是属于非习惯性的，而剩下的 95% 的行为都是习惯性的。即便是创新，最终也可以演变成习惯性的创新。一切想法，一切做法，最终都必须归结为一种习惯，这样，才会对人的个性及人生产生持续的力量。

俗话说，"积习难移"，"习惯成自然"，在对自己行为的支配中，习惯的力量比任何理论原则的力量来得更大。一切最好的理论原则，最好的行为准则，在成为你的习惯之前，你不见得能够始终如一地去信守它。只有在成了你的习惯之后，它才能在你的行为中巩固下来。因此，性格修养的关键，在于努力培养自己良好的生活习惯。

好习惯是一生的财富，不要轻视任何一个好习惯，即使它再小，只要你一旦养成，就不会那么容易消失，而且它还会影响到你更多的习惯，进而影响你的命运。既然习惯能左右我们的个性进而影响命运，我们必然要慎重再慎重地对待它。你要培养自己严谨和有条理的性格吗？那你就应当在每一件小事上培养自己严谨和有条理的习惯：穿衣服，先穿哪件，后穿哪件，有一定的条理，不乱穿一气；东西放置，有一定的秩序，不放得乱糟糟的；办事情，先做哪件，后做哪件，有明确的规划，不随心所欲；时间安排，什么时间干什么，有一定的规律……如果你能时时、处处都注意做到严谨而有条理，那么，这种习惯形成之日，就是严谨和办事有条理的性格形成之时。

从培养习惯到改变性格，要求我们能够针对自己暴露出来的性格弱点，有意识地培养与之相反的习惯，通过这种新的习惯来克服和改变原有的性格弱点。

比如，你在性格上犯有"冷热病"的毛病，情绪时高时低，你就应当找出"冷热病"的病根，克服过于计较小事的心理，逐步培养不为小事动容的习惯；如果你好胜心过强，经常使自己惴惴不安，你就要放弃做一个"超人"的企图，并且终止以眼前胜败来衡量成绩的习惯，而培养从长远看问题的习惯；如果你性格急躁，你就不要老是忙忙碌碌，在时间安排上要留有余地，培养安详从容地进行工作的习惯；如果你性格易怒，你就应当学会用克制和幽默来克服怒气，并培养自己宽厚待人的习惯。

总之，在你最容易暴露性格弱点的地方，你得先行"对抗"，用相反的习惯去克服和战胜它。这种办法将有助于你积小胜为大胜，最后达到完全改变性格弱点的目的。对于培养一种新的性格，许多人往往认为是很难的事。但对于培养一种好的习惯，大家还是有信心的。实际上，只要我们有决心、有恒心，真正培养起了良好的生活习惯，优良的性格也就在这些习惯中形成了。

学会自省

曾子曰："吾日三省吾身：为人谋而不忠乎？与朋友交而不信乎？传不习乎？"这段话的意思是："我每天多次反省自己：替人家谋虑是否不够尽心？和朋友交往是否不够诚信？老师传授的学业是否反复练习实践了呢？"走在人生的道路上，我们也须时常停下脚步，回首之前走过的道路，想想自己所做的事情，判断所得与所失，这样才能够积淀我们的经验，吸取我们的教训，为继续前行走得更加平稳，为未来取得更大的成就，奠定良好的基础。

在军事行动中有所谓的"评估"，小到战术评估，大到战争评估，这种评估不仅包括军事技术层面的评估，同样也包括社会环境、自然环境等多方面的评估。"评估"也是西点军校重要的教育内容之一。这种"评估"就是一种反省，只有对信息不断地反馈，才能为作出正确的判断与行动策略提供保障。对于我们每个人来说，学会反省、自省是非常重要的个人修养。

自省就是反省自己，这是只有人类才能办到的事。一般地说，自省心强的人都非常了解自己的优劣，因为他时时都在仔细检视自己。这种检视也叫作"自我观照"，其实质也就是跳出自己的身体之外，从外面重新观看审察自己的所作所为是否为最佳的选择。这样做就可以真切地了解自己了，审视自己时必须坦率无私。

能够时时审视自己的人，一般都很少犯错，因为他们会时时考虑：我到底有多少力量？我能干多少事？我该干什么？我的缺点在哪里？为什么失败了或成功了？这样做就能轻而易举地找出自己的优点和缺点，为以后的行动打下基础。

《新约圣经》里有一则这样的故事：

有一天，对基督怀有故意的巴里赛派人将一个犯有奸淫罪的女人带到基督面前，故意为难耶稣，看他如何处置这件事。如果依教规处以她死刑，则基督便会因残酷之名被人攻讦；反之，则违反了摩西的戒律。基督耶稣看了看那个女人，然后对大家说："你们中间谁是无罪的，谁就可以拿石头打她。"喧哗的群众顿时鸦雀无声。基督回头告诉那个女人，说："我不定你的罪，去吧！以后不要再犯罪了。"

此则故事告诉我们的是：当要责罚别人的时候，先反省自己可曾犯错。苏格拉底说："没有经过反省的生命，是不值得活下去的。"有迷才有悟，过去的"迷"，正好是今日的"悟"的契机。因此经常反省、检视自己，可以避免偏离正道。

　　我们常说"成功源自于自我分析"、"失败乃成功之母"、"检讨乃成功之父"都是在说明一件事——自我反省、自我分析、自我检讨与成功有莫大的关系。其实，人生允许出现错误，但不能允许同样的错误犯第二次，人的一生如果充满着错误，那么他的结果就无法正确。犯错不可怕，可怕的是不知道错在哪里。一个成功的人往往是一个自我反省的人，自我分析的人。

　　每件事情都有其相应的时间和空间。既要花时间去实施，又要花时间去反省。我们当中的大多数人并不利用时间进行反省。在我们繁忙的日程表上往往会忽略这一成功秘诀的重要部分。在一天结束时，一定要花些时间审视一下在一天中发生的事情——到什么地方去了，遇见了什么人，做了什么，说了什么，等等。沉思一下做了什么，没有做什么，希望再做什么和希望不做什么。一定要尽可能生动而形象地记住那些相关的事件。记住颜色，记住情景，记住声音，记住交谈内容，记住经历。

　　经验可以变成商品，变成钱财，变成货币；经验是价值之源。然而只有记录下来的经验，经过认真思索积淀的经验，才能转变为有价值的东西。一个人命运上的差别不是由他们的遭遇决定的，而是由他们对待遭遇的态度决定的。为了能做一些对生活有益的事，我们必须从遭遇中汲取有价值的信息。

理想的反省时间是在一段重要时期结束之后，如周末、月末、年末。在一周之末用几个小时去思索一下过去 7 天中出现的事件。月末要用一天的时间去思索过去一个月中出现的事情，年终要用一周的时间去审视、思索、反省生活中遇到的每一件事。

自我反省越勤对你越有利。假如你一年反省一次，你一年才知道优缺点，才知道自己做对了什么，做错了什么。假如你一个月反省一次，你一年就有了 12 次反省机会。假如你一周反省一次，你一年就有 52 次反省机会。假如你一天反省一次，你一年就有 365 次反省机会。反省的次数越多，犯错的机会就越少。

中国古语云："人非圣贤，孰能无过"，即使圣贤也有犯错的时候。关键在于不要重犯同一个错误。这样不但会使自己的自信心受挫，而且别人也会对你丧失信心，不再给你机会了。不在错误中找到实质因素，你的道路将越走越窄，最终进入死胡同；倘若一犯错便能痛定思痛地反省，及时纠正错误，你的道路将越走越宽广，你的人生将越来越美好。

那么，我们该如何反省自己呢？

首先，要以"自知"的镜子来反照自己。若要了解自己行为的得失，则必须用"自知"的镜子来自照。反省如同一面明镜，在反省的明镜中，自己的本来面目将显现无余。一个人眼睛不要总是盯着别人，重要的是要先认识自己，从反省中认识自己，从自知的镜子中了解自己的真面目。

其次，要有悔改的勇气。一个人有过错不要紧，只要能改过就好，如果有过错而不肯改这就是大过，是真正的过错。有些人犯了错，却不肯承认，因为他怕因此而失了面子。如果能够消除这种傲慢的习气，就会生起悔过自新的勇气来。时常反省自己的过失，发现了错误，就要及时改正，痛痛快快、切切实实地做事。

今天有了过错，如果没有反省，明天还会照样犯。若能及时反省自己，知道犯错的缘由，随即改正过来，那么，以后就不会再有类似的过错。

人对待错误的正确态度应该是及时从中吸取教训，总结经验，亡羊补牢，将功补过，而不是过多地自我谴责，自我责备。英国有句谚语——"不要为打翻的牛奶而哭泣"，意即：你去为已经无可挽留的损失而哭泣只会浪费你的好心情，聪明的人是会反省错误，之后吸取教训，然后坚毅地忘掉不幸，以更大的劲头、更热忱的心态去弥补损失，而不是过多地自责。